V&R

Gerald Hüther

Die Evolution
der Liebe

Was Darwin bereits ahnte
und die Darwinisten
nicht wahrhaben wollen

7. Auflage

Vandenhoeck & Ruprecht

Bibliografische Information der Deutschen Nationalbibliothek

Die Deutsche Nationalbibliothek verzeichnet diese Publikation
in der Deutschen Nationalbibliografie; detaillierte bibliografische
Daten sind im Internet
über http://dnb.d-nb.de abrufbar.

ISBN 978-3-525-01452-3
ISBN 978-3-647-01452-4 (E-Book)

Umschlagabbildung: Gustav Klimt,
Insel im Attersee (Ausschnitt),
um 1901, Öl auf Leinwand, Privatbesitz, New York

Printed in Germany.
Satz: KCS, Buchholz i.d. Nordheide.
Druck und Bindung: ⊕Hubert & Co, Göttingen.

Gedruckt auf alterungsbeständigem Papier.

Inhalt

Prolog
Vergängliche Erfahrungen

Das faszinierendste Phänomen, das die Evolution des Lebens auf dieser Erde hervorgebracht hat, ist die Liebe. Wir können sie mit all unseren Sinnen wahrnehmen, und doch hat sie keine bestimmte Gestalt. Sie ist selbst für unsere modernsten Meßgeräte unsichtbar, unmeßbar, unberechenbar, und doch sind sich fast alle Menschen einig, daß es sie gibt. Demjenigen, der sie erlebt, verleiht sie ungeahnte Kräfte. Wer an sie glaubt, so heißt es, kann Berge versetzen und – was noch viel schwerer ist – sogar über seinen eigenen Schatten springen. Dabei ist sie doch nur ein Gefühl.

Über nichts anderes ist im Verlauf der Menschheitsgeschichte mehr nachgedacht, erzählt und geschrieben worden als über dieses große Gefühl. Dennoch ist die Liebe etwas geblieben, über das wir so gut wie nichts wissen. Wir haben ihr viele Namen gegeben, sprechen von Zuneigung, Hingabe, Verbundenheit, Zuwendung, Sympathie, Leidenschaft, Begehren und meinen immer das gleiche, eben Liebe.

Wir haben die Liebe auch ordentlich sortiert, unterscheiden personenbezogene und objektbezogene, geschlechtliche und ungeschlechtliche, kindliche und elterliche, menschliche und göttliche, aktive und passive.

Wir wissen fast alles, was es zu wissen gibt, sogar wie man auf den Mond fliegt und Atombomben baut, wie schnell das Licht sich ausbreitet und wie man es bündelt, wie die Erde und wie das Leben entstanden sind, wie man Gene manipuliert und Menschen klont. Aber weshalb es die Liebe gibt, wo sie herkommt und wozu sie dient, das wissen wir nicht.

Was wir nicht wissen, müssen wir glauben. Glauben können wir sowohl das, was wir selbst – wie wir sagen »am eigenen Leib« – erfahren haben, als auch das, was wir von anderen, »vom Hörensagen« erfahren haben. Die Welt, in der wir leben, verändert sich ebenso rasch, wie die in dieser Welt möglichen, erlebbaren Beziehungen der Menschen zueinander. Damit ändert sich freilich auch all das, was ein einzelner Mensch in dieser Welt über die Liebe erfahren oder in Erfahrung bringen kann. Inzwischen glauben immer mehr Menschen, daß die Liebe nicht mehr (eher weniger) als ein romantisches Gefühl sei, das einen Mann und eine Frau instinktiv für eine gewisse Zeit verbindet, oder eine als Gefühl erlebte Bindung, die zwischen Eltern und ihren Kindern natürlicherweise entsteht, um in ebenso zwangsläufig-natürlicher Weise wieder zu vergehen. Dieser inzwischen weit verbreitete Glaube entspringt aus der selbst gemachten oder von anderen übernommenen Erfahrung dieser Menschen mit der Liebe in ihrer jeweiligen Lebenswelt. Seit etwa einhundert Jahren haben sich überall auf der Erde die Beziehungen der Menschen zueinander, und damit auch die Erfahrungen, die Menschen mit der Liebe machen konnten, innerhalb weniger Generationen dramatisch verändert, in manchen Regionen rascher, in anderen weniger rasch. In manchen Ländern hat dieser Prozeß bereits sehr früh eingesetzt, in anderen kommt er erst jetzt, dafür aber um so mächtiger in Gang.

Noch gibt es überall Menschen, die ihre eigenen Erfahrungen mit der Liebe machen konnten, weil sie

Gelegenheit hatten, dieses Gefühl während ihrer Kindheit selbst zu erfahren, und weil es ihnen gelungen ist, sich den Glauben an die Bedeutung dieses Gefühls zu erhalten. Ob ihre Zahl im Lauf dieses Jahrhunderts abgenommen hat, ist schwer abzuschätzen. Eines aber ist überdeutlich: Sie sind mit der Zeit immer leiser geworden. Sie teilen ihre Erfahrung anderen, vor allem fremden Menschen, immer seltener mit.

So laufen wir Gefahr, daß es unserer Gesellschaft mit der Erfahrung über die Liebe ähnlich ergeht wie den Südseeinsulanern mit ihrem Wissen über die Seefahrt. Deren Vorfahren hatten einst mit unglaublich geschickt gebauten, seetüchtigen Booten den gesamten Pazifik durchkreuzt. Dabei waren sie auf die noch heute so paradiesisch anmutenden Südseeinseln gestoßen. Sie ließen sich dort nieder und wurden in dieser neuen Welt heimisch. Innerhalb kurzer Zeit wußten nur noch wenige, und nach einigen Generationen hatten sie allesamt vergessen, wie man seetüchtige Boote baut und auf hoher See navigiert.

Auch unsere Vorfahren haben sich erst vor wenigen Generationen auf den Weg gemacht, mit Hilfe ihrer Vernunft eine für sie zu muffig und zu eng gewordene Welt mit ihren mittelalterlichen Dogmen und Schranken zu verlassen. Lang genug hatten sie geglaubt, die Liebe sei ein Geschenk Gottes, und wer sie in sich trage, überwinde alles Leid dieser Welt. Jetzt waren sie davon überzeugt, daß dem Leid so nicht beizukommen sei, und sie machten sich unter dem Banner der Aufklärung daran, ihr Leid mit Hilfe ihres Verstands zu beenden. Sie streiften die Ärmel hoch und kehrten alles weg, was sie bisher daran gehindert hatte, sich ihres eigenen Intellekts zu bedienen. Der Erfolg war überwältigend, die Begeisterung über die neuentdeckte

Kraft der nackten Vernunft griff um sich und hielt einige Generationen an. Es schien zunächst so, als ließe sich das Leid und die Angst des einzelnen mit Hilfe dieses neu entdeckten Verstandes tatsächlich überwinden. Im Lauf der Zeit versuchten immer mehr Menschen, Sicherheit und innere Stabilität durch die Aneignung von Macht und Reichtum zu erreichen. Jetzt wächst eine Generation von Menschen heran, die die Folgen dieser scheinbar so überaus erfolgreichen Strategie zu spüren bekommt. Sie hat ihnen eine ausgeplünderte Erde, eine verpestete Umwelt, eine unwiederbringlich verlorene Vielfalt von Lebensformen beschert und läßt immer mehr Menschen mit dem Gefühl zurück, allein zu sein und allein zu bleiben in einer immer bedrohlicher werdenden Welt. So ist die anfängliche Begeisterung über die großartigen Leistungen des menschlichen Verstandes in dem Maß verflogen, in dem diese neue Generation begreifen mußte, daß die intellektuellen Fähigkeiten des Menschen prinzipiell für alles Mögliche und Denkbare nutzbar sind.

So geht das Zeitalter der Vernunft mit zwei bemerkenswerten Erkenntnissen zu Ende. Erstens: Die Art und Weise, wie ein Mensch sein Denkorgan benutzt und was er damit produziert, hängt davon ab, von welchem Gefühl er beherrscht, von welcher Motivation er getrieben, von welchen Absichten er geleitet wird. Und zweitens: Wenn der Egoismus zum Leitmotiv des Denkens, Fühlens und Handelns von immer mehr Menschen wird, ist alles möglich, nur eines nicht: die Liebe.

Ähnlich schnell wird es den Südseeinsulanern mit ihrer Seefahrerkunst auch ergangen sein. Eine, zwei, drei Generationen ließen sie sich von dem Zauber der neu entdeckten Inseln begeistern, und weg war das so lang überlieferte und vervollkommnete Wissen. Die

Fähigkeit ihrer Väter, seetüchtige Schiffe zu bauen, war ebenso verschwunden wie deren Sehnsucht, die Grenzen und Schranken ihrer bisherigen, immer enger werdenden eigenen Welt mit Hilfe dieser Schiffe zu durchsegeln.

Die Menschen und die Liebe
Eine kurze Liebesgeschichte

Es gab Zeiten, in denen die Menschen ganz anders über die Liebe dachten als heute. In ihrer Vorstellungswelt war Liebe die einzige, alle Menschen in all ihrer Verschiedenheit wahrhaft verbindende Kraft. Ohne die Liebe zwischen Mann und Frau, zwischen Eltern und ihren Kindern, zwischen den Mitgliedern einer Familie, einer Sippe, eines Stammes, zwischen Freunden und bisweilen sogar zwischen Freund und Feind, ohne dieses tiefe Gefühl von Verbundenheit und Zusammengehörigkeit hätten sich diese Menschen ihr Überleben in einer sich ständig verändernden, bedrohlichen Welt nicht vorstellen können.

Diese Binsenwahrheit hatten wahrscheinlich bereits die ersten Truppführer der in den weiten Savannen Afrikas vor zigtausend Jahren umherziehenden Menschenhorden intuitiv begriffen. Die Oberhäupter der ersten sumerischen Siedlungen und Städte werden diese menschenverbindende Kraft bereits genutzt haben, um ihr Völkchen zusammenzuhalten und das Denken und Handeln ihrer Untertanen in die von ihnen gewünschte Richtung zu lenken. Die Israeliten werden nicht der erste Stamm gewesen sein, dem seine Führer glaubhaft zu machen versuchten, sie seien etwas ganz Besonderes und sie besäßen etwas, das allen benachbarten Stämmen abginge: einen eigenen Gott.

Je besser es einem Anführer gelang, den Menschen seines Stammes, seiner Volksgruppe, seiner Nation, ein Gefühl von Zusammengehörigkeit und Solidarität zu vermitteln, desto leichter ließen sich die geistigen und körperlichen Fähigkeiten und Fertigkeiten der einzelnen Mitglieder nutzen, zur Festigung des Gemeinwesens, zur Vermehrung des Besitzes, zur Abwehr von Feinden, zur Unterwerfung von Nachbarn und zur Erschließung neuer Ressourcen. Den Namen dieses Gefühls, das den einzelnen dazu bringt, sich mit anderen Menschen zu identifizieren und all sein Wissen und Können für den Erhalt und das Wohlergehen der Gemeinschaft, in der er lebt, einzusetzen, haben wir inzwischen fast schon vergessen.

Diejenigen menschlichen Gemeinschaften, deren Anführern es nicht gelang, dieses starke Gefühl zu wecken und zu erhalten, sind über kurz oder lang untergegangen, wurden aufgesogen oder unterworfen von den anderen oder sind – wie die Südseeinsulaner und andere versprengte Volksgruppen – auf der Entwicklungsstufe stehengeblieben, die sie bis dahin erreicht hatten. Das gesamte Gebiet der gemäßigten Klimazone des eurasischen Erdteils war offenbar ein riesiger Schmelztiegel miteinander konkurrierender Volksstämme, von denen sich nur diejenigen behaupten konnten, die dieses starke Zusammengehörigkeitsgefühl besaßen und in der Lage waren, die durch dieses Gefühl freigesetzten Kräfte und Fähigkeiten für ihr gemeinsames Überleben zu nutzen. Staunend stehen wir noch heute vor den unglaublichen Leistungen dieses relativ kurzen und auf eine relativ kleine Region beschränkten Abschnitts der Menschheitsgeschichte, vor den Ruinen von Uruk und Babylon, vor den sumerischen Tontafeln, vor den Pyramiden der Ägypter, vor ihren ersten Landkarten und astronomischen Berechnungen. Plötzlich war alles da, die Schrift, die Kunst, die Literatur, die Wissenschaften, die Religionen, sogar das Geld und die Steuern. In relativ kurzer Zeit hatten die Menschen dieser Zeit mit unvorstellbarer Gestaltungskraft das gesamte Fundament errichtet, auf dem unsere heutige Welt noch immer steht. Eine Mutation der für die Hirnentwicklung verantwortlichen Gene war für diesen Entwicklungssprung nicht verantwortlich. Seit dreißigtausend oder gar einhunderttausend Jahren hat sich die genetische Ausstattung des Menschen nicht mehr verändert. Das Gehirn und der Intelligenzgrad dieser Menschen unterschied sich auch nicht von dem ihrer noch in wilden Horden umherziehenden Vorfahren. Aber eines hatte sich grundlegend gewandelt: Die gesellschaftlichen Beziehungen, die darüber bestimmten, wofür und wie diese Menschen ihr Gehirn benutzten.

Aus den ehemals lockeren Familienstrukturen der Jäger und Sammler waren vor zehn- oder zwanzigtausend Jahren mehr oder weniger seßhafte Familienverbände geworden, und die boten eine bis dahin nicht vorhandene Möglichkeit der Sozialisation: die primäre Bindung der Kinder an ihre Eltern ließ sich auf alle anderen Mitglieder der Großfamilie, des Clans, übertragen. Die ursprüngliche emotionale Beziehung, die Kinder als Bindung an ihre primären Bezugspersonen entwickeln und die wir üblicherweise schon mit dem Begriff »Liebe« verknüpfen, konnte so immer stärker ausgeweitet werden. Die Grundeinstellungen, Ziele und Motive der Mitglieder des Clans wurden ebenso übernommen wie deren Wissen und deren Fertigkeiten. Die Identifikation der Heranwachsenden mit den Zielen, Wünschen und Vorstellungen des Clans wurde in besonderer Weise durch Überlieferungen der

Entstehungsgeschichte und des bisherigen Entwick-
lungsweges der ursprünglichen Großfamilie verstärkt.
Wie es das Alte Testament in anschaulichster Weise be-
schreibt, entstanden auf diese Weise enge Familien-
und Stammesgemeinschaften, deren Mitglieder durch
ein heutzutage unvorstellbar intensives Zusammengehörigkeitsgefühl verbunden waren. Dieses Gefühl um-
faßte nicht nur die lebenden, sondern auch die bereits
verstorbenen Mitglieder des Clans. Seine Anfänge sind
wohl in der Zeit zu suchen, aus der die ersten Anzei-
chen eines Ahnenkultes stammen, als die ersten Menschen daran gingen, ihre Ahnen zu bestatten, also vor
etwa 50 000 Jahren.

Damals hat ein neuer Abschnitt der Menschheitsgeschichte begonnen. Aus dem ursprünglich schwach
entwickelten Zusammengehörigkeitsgefühl nomadi-
sierender Horden, diesem Gefühl einer durch äußere
Zwänge geformten Notgemeinschaft von Menschen,
die nicht sehr alt wurden, wenig zu überliefern hatten,
noch sehr instabile soziale Strukturen besaßen und
durch nicht mehr viel miteinander verbunden waren
als durch die Angst vor äußeren Feinden und die Not-
wendigkeit, gemeinsam zu jagen, war allmählich ein
immer festeres Band geworden, das alle Mitglieder des
Clans umspannte, die Alten, die Schwachen, selbst die,
die schon gestorben waren, und vielleicht sogar die
noch nicht einmal Geborenen. Diese starke emotionale
Bindung jedes einzelnen an die Gemeinschaft wurde
zur entscheidenden Triebfeder für die Entfaltung der
bis dahin zwar vorhandenen, aber nur durch die Angst
um das eigene, nackte Überleben gelenkten geistigen
Potenzen des Menschen.

Mit Hilfe der durch diese neue Motivation freigesetzten Kräfte gelang es den ersten Großfamilien, die
in ihren Siedlungsgebieten vorgefundenen Ressourcen

immer besser zu erschließen und gegenüber anderen zu verteidigen, eine immer stabilere Sozialstruktur aufzubauen, eine immer länger zurückreichende eigene Tradition zu entwickeln und weiterzugeben und auf diese Weise das innere Band, das ihren Zusammenhalt sicherte und das die Triebfeder all dieser gemeinsamen Leistungen darstellte, immer fester zu spannen.

Irgendwann jedoch zerreißt jedes Band, wenn das, was es umspannen soll, nicht aufhört zu wachsen. Aus den ursprünglichen Großfamilien waren Volksstämme geworden, die andere unterworfen oder sich mit anderen Völkern vereinigt hatten. Es wurde immer schwieriger, die Bindung all dieser Menschen an dieses immer größer werdende gesellschaftliche Gebilde zu sichern und eine gemeinsame Identität zu schaffen. Die zu groß gewordene Gemeinschaft begann aus ihren alten Nähten zu platzen. Die tradierten Wert- und Normvorstellungen der miteinander verbundenen Stämme lösten sich allmählich auf und gerieten in Vergessenheit. Innere Konflikte traten zunehmend offen zutage, zwischen privilegierten und weniger privilegierten Stämmen und Volksgruppen, zwischen Alteingesessenen und Neulingen, zwischen Armen und Reichen. Eigennütziges Denken und Handeln nahm überhand und verdrängte das alte Gefühl der Zusammengehörigkeit. Die mit Hilfe dieses alten Bandes geformten gesellschaftlichen Strukturen begannen auseinanderzufallen. Der Turm von Babel ist das Symbol für eine bisher nie dagewesene Gemeinschaftsaktion. Am Ende hatten sich zu viele Menschen mit zu unterschiedlichen Vorstellungen und Motiven daran beteiligt. Das ganze Gebilde begann nun auseinanderzubrechen. Was am Ende übrigblieb, war eine große (biblische Sprach-)Verwirrung. Das alte Band war zerrissen, und ein neues Band war nicht in Sicht.

Mancher machte sich damals fertig für den Weltunter-
gang. Andere suchten ihr Heil in der Befriedigung pri-
vater Interessen.

Viele, noch immer getragen von den Überresten der
alten Bindung, hofften auf die Wiederherstellung des
alten Bandes in neuer, größerer Gestalt. Sie erwarteten
die Ankunft eines Propheten. Der kam, und er hatte
endlich auch einen Namen für das Band, das er ihnen
anbot: *Liebe*. Aber das war nicht mehr die alte emotionale Bindung zwischen den Mitgliedern der nunmehr
aus allen Nähten geplatzten Großfamilien und Volksstämme, sondern eine neue, schrankenlose, alle Menschen umfassende Liebe. Was der Messias verkündete,
war Nächstenliebe, gleichgültig, wer dieser Nächste
war, ob Frau oder Mann, ob Kind oder Greis, ob arm
oder reich, ob Freund oder Feind. Die neue Liebe war
grenzenlos und ihr Sinnbild ein allmächtiger, alle
Menschen liebender Gott. Damit hatte ein neuer Abschnitt in der Liebesgeschichte der Menschheit begonnen.

Die Botschaft des Nazareners kam zum rechten Zeitpunkt. Sie hat der weiteren gesellschaftlichen und kul-
turellen Entwicklung der Menschen seiner Zeit eine
neue Richtung gegeben. Viele waren damals offenbar
bereit, dieses neue Band zu ergreifen. Für viele andere
war es hingegen in fast jeder Beziehung ganz einfach
zu weit. Sie fühlten sich durch die Überreste des alten
Bandes besser zusammengehalten. Vielleicht lehnten
sie sogar schon jedes Band ab, das ihr Denken und
Handeln in eine bestimmte Richtung zu lenken drohte.
Sie waren mächtiger als er, und sie hatten doch Angst
vor seiner Botschaft. Also haben sie ihn gekreuzigt.
Seine Idee einer wahrhaft menschlichen, von Nächstenliebe bestimmten Welt war seitdem jedoch nicht

mehr totzukriegen. Bis heute zählen wir jedes Jahr, das vergangen ist, ohne daß sich diese große Vision erfüllt hätte. Inzwischen sind es etwa zweitausend.

Was zu Beginn als kraftvolle, sich rasch ausbreitende Bewegung dazu beigetragen hatte, den individuellen, sich voneinander abgrenzenden und auseinanderstrebenden Entwicklungstendenzen der verschiedenen Völker eine gemeinsame Idee, ein gemeinsames Gefühl, einen gemeinsamen Glauben entgegenzustellen, ist im Lauf der Jahrhunderte vom Sand der Geschichte verschüttet worden. Für viele Menschen blieb das Band, das der Nazarener seinen Zeitgenossen angeboten hatte, auch noch einige Jahrhunderte später viel zu weit. Anderen wurde das Band durch die im Lauf der Jahrhunderte stattgefundene Aufspaltung der ursprünglichen Bewegung in verschiedene Glaubensrichtungen zu stark zerfasert, und wieder anderen erschien es durch die Abgrenzungsbemühungen und den wachsenden Dogmatismus, der mit der Institutionalisierung der einzelnen Strömungen dieser Bewegung einherging, viel zu eng.

Der Ruf nach Veränderung wurde daher gegen Ende des Mittelalters immer lauter. Ein neues Band wurde gesucht und gefunden, um die auseinanderstrebenden Kräfte der Gesellschaft zusammenzuhalten: Es hieß »Glaube an den Fortschritt und die menschliche Vernunft«. Das Zeitalter der Suche nach objektiven, unbestechlichen und praktisch nutzbaren Erkenntnissen war angebrochen. Der Siegeszug der Naturwissenschaften begann dort, wo die alten Dogmen am unhaltbarsten geworden waren, auf dem Gebiet der Astronomie. Getragen von den hier mit Hilfe unbestechlicher Beobachtungen und mathematischer Berechnungen erzielten Erfolgen entstanden Physik und Chemie. Sie lieferten eine Fülle von praktisch nutzbaren Erkenntnissen, die das Leben der Menschen in einem bisher nicht gekannten Tempo veränderten. Die Begeisterung darüber, daß das bisher für unmöglich Gehaltene durch die Entwicklung von Wissenschaft und Technik nun auf einmal möglich gemacht wurde, griff immer stärker um sich und erfaßte alle Schichten der Bevölkerung.

Naturwissenschaftler begannen sich nun auch der kompliziertesten Materie, dem Leben selbst, zuzuwenden. Mit den von den klassischen Naturwissenschaften entwickelten und so erfolgreich eingesetzten Denkweisen und Verfahren gingen Biologen daran, die vielfältigen Formen lebender und fossiler Arten zu systematisieren, die Entwicklungslinien der heute noch lebenden Organismen zurückzuverfolgen, sie bis in ihre kleinsten Bestandteile zu zerlegen und die ihrem Bauplan zugrundeliegenden Informationen zu entschlüsseln. Der Mensch erwies sich als ein Lebewesen wie alle anderen. Seine Entwicklung wurde scheinbar ebenso exakt von genetischen Anlagen gesteuert wie die aller anderen Lebewesen. Sein Verhalten wurde scheinbar ebenso zwangsläufig von den in sein Gehirn einprogrammierten Verschaltungen bestimmt wie das Verhalten aller anderen Säugetiere. Er hatte scheinbar noch die gleichen Instinkte wie diese. Er besaß lediglich ein größeres, sich langsamer entwickelndes Gehirn und konnte deshalb mehr lernen. Die Beziehungen zwischen Mann und Frau, zwischen Eltern und Kindern und zwischen den verschiedenen Individuen der menschlichen Gemeinschaft wurden scheinbar von den gleichen Kräften bestimmt wie die aller anderen in ähnlichen Beziehungen lebenden Tiere. Die Vorstellung von der göttlichen Schöpfung war widerlegt. Der Glaube an eine, alle Menschen vereinende, göttliche Liebe, das zweitausend und mehr Jahre alte Band, das die menschliche Gesellschaft im Abendland bisher zusammengehalten hatte, war mit der Schärfe des nackten Verstandes ein für allemal durchtrennt worden.

Ratlos stehen wir nun heute vor den Folgen einer bisher nie dagewesenen ungeordneten Entfaltung der geistigen Potenzen vieler, von den unterschiedlichsten Gefühlen, Motiven und Antrieben beherrschter Menschen. Nicht ein notorischer Mangel an Verstand, sondern ein mangelndes Wissen über die Bedeutung eines gemeinsamen, unser Denken und Handeln in eine bestimmte Richtung lenkenden Gefühls hat uns dieses gesellschaftliche Chaos beschert.

Mehr über dieses unsichtbare, unmeßbare und unzählbare gemeinsame Gefühl in Erfahrung zu bringen und dieses Wissen weiterzutragen ist deshalb zur dringlichsten Aufgabe unserer Zeit geworden.

Wir haben keine andere Möglichkeit, als den einmal beschrittenen Weg konsequent weiterzugehen und unsere geistigen Fähigkeiten zu benutzen, um das Band wiederzuentdecken, das aus Unwissenheit im Taumel der Aufklärung mit dem harten Besen einer scheinbar objektiven Vernunft beiseite gekehrt worden ist.

Es ist verstaubt und spröde geworden in diesem Kehrichthaufen, aber es ist noch da. Es lohnt sich also danach zu suchen. Wir müssen es ausgraben, bevor es ganz zerfallen ist.

Die Naturforscher und die Liebe
Eine fragwürdige Geschichte

Am Ende des 19. Jahrhunderts hatten sich die Ideen der
Aufklärung in Europa soweit durchgesetzt, daß eine
neue, vom Ballast mittelalterlicher Dogmen befreite
Generation von Wissenschaftlern endlich darangehen
konnte, ein Rätsel der Natur nach dem anderen zu
lösen und die so gewonnenen Erkenntnisse für den
Menschen nutzbar zu machen. Nur wer die Natur
kennt, so argumentierten sie, kann ihre Kräfte in seinen
Dienst stellen. Immer neue Erfindungen würden die
Wissenschaftler zum Wohl der Menschheit hervorbringen. Die alten Geißeln der Menschheit, Armut, Pest
und Cholera würden besiegt, und jahrhundertealte
Träume würden endlich wahr. Wie früher die Religion
Wunder aufgeboten hatte, um die Menschen von der
Richtigkeit ihrer Behauptungen zu überzeugen, konnte
auch diese neuentstandene Naturwissenschaft Wunder vollbringen, daß den Laien fürwahr »das Maul
offenstand« vor Staunen über all die dampfspeienden
Stahlkolosse, funkensprühenden elektrischen Appa-
rate, abstrusen Flugmaschinen und die vielen anderen, bis dahin unvorstellbaren Errungenschaften eines
neuen Denkens.

Das Zeitalter der Wissenschaftsgläubigkeit war angebrochen, und kaum einer, am wenigsten die Naturwissenschaftler selbst, konnte sich diesem neuen Glauben entziehen, damals nicht, und wie es scheint, bis

heute nicht. Immer mehr dieser voller Bewunderung aufgerissenen Mäuler verlangten nach immer neuer Nahrung. Dem Bedürfnis, sie mit dem zu stopfen, wonach sie verlangten, wollten und konnten selbst solche Forscher nicht widerstehen, denen es bislang nur um die »reine Erkenntnis« zu tun war. Die Jagd nach den besten Brocken und nach den besten Positionen zur Fütterung der erwartungsvoll offenstehenden Mäuler hatte begonnen. Sie wurde zur entscheidenden Triebfeder einer Entwicklung, die als wissenschaftlich-technische Revolution selbst die verschlafensten Winkel unserer Erde aufrüttelte und nichts so ließ, wie es einmal gewesen war. Der naive, abgöttische Glaube so vieler Menschen an die Allmacht der Wissenschaft hatte bei den sehnsuchtsvoll angebeteten Forschern eine ungeahnte Entfaltung ihrer geistigen und handwerklichen Potenzen in Gang gesetzt. Aber selbst diejenigen, die davon überzeugt waren, daß sich kraft der Gedanken gewaltige Umwälzungen herbeiführen lassen, ahnten bereits damals etwas von der sonderbaren Kraft, die die Ideen lenkt, für die ein Mensch sogar zu sterben bereit ist.

»Ideen«, so schrieb der Privatgelehrte Karl Marx bereits 1843 als Redakteur der Rheinischen Zeitung »das sind Ketten, denen man sich nicht entreißt, ohne sein Herz zu zerreißen, das sind Dämonen, welche der Mensch nur besiegen kann, indem er sich ihnen unterwirft« (in: Friedenthal 1981, S. 163).

Auch jeder Naturforscher hängt mit seinem Herzen, das ihn auf die Suche nach neuen Ideen geschickt hat, wie mit Ketten an den auf dieser Suche gefundenen Vorstellungen. Wenn es ihm nicht gelingt, dieses Gefühl, das seine Gedanken bestimmt, mit Hilfe seines Verstandes zu erkennen und es bei seinem Namen zu nennen, ist er verloren. Nur wenige Naturforscher haben sich bisher gefragt, von welchen Gefühlen, Antrieben und Motiven ihr Denken bestimmt wird. Weshalb auch? Vor einem Jahrhundert erst hat das Zeitalter der Wissenschaftsgläubigkeit begonnen. Seither treiben die Naturforscher, getrieben vom Wind ihrer Bedürfnisse nach Ruhm und Anerkennung, nach Macht und Einfluß sozusagen auf offener See umher und suchen nach Ideen, die ihnen jemand abkauft, weil er sie gebrauchen kann. Inzwischen sind sie von ihren alten Ruderbooten in global vernetzte High-tech-Schnellboote umgestiegen. Inzwischen sind auch die verständlichen Versuche einzelner Forscher, etwas zu beweisen, was nicht existiert, immer rascher an der Wachsamkeit anderer Konkurrenten um Ruhm und Anerkennung, Macht und Einfluß gescheitert, bisweilen vielleicht auch an der Wachsamkeit derer, die noch immer und allen Verlockungen zum Trotz von der Suche nach Wahrheit und dem Gefühl von Verantwortung beherrscht waren.

Inzwischen können die Biologen einen Menschen klonen und sein Genom entschlüsseln, aber auf die Frage, was die Liebe ist, bekommen wir entweder keine oder so viele Antworten, wie es Biologen gibt. Warum eigentlich? Karl Marx würde antworten: Die Naturforscher haben die Liebe nur verschieden interpretiert, es kommt aber darauf an, sie zu erleben.

Ein Ende der Odyssee ist also vorläufig noch nicht in Sicht.

Aber schauen wir uns an, wohin diese Reise bisher geführt hat.

Aufbruch ins Ungewisse: Beginn einer Odyssee

Den Namen des Mannes, der die Bedeutung des Wettbewerbs, der Konkurrenz, als Triebfeder für die biologische Entwicklung als erster erkannt und für die Entstehung der artspezifischen Merkmale der heute existierenden Lebewesen, einschließlich des Menschen verantwortlich gemacht hat, kennt heute fast jeder. Daß er auch der erste Naturforscher war, der versucht hat, die biologischen Wurzeln des Gefühls der Liebe und die Bedeutung der Liebe für die Menschwerdung herauszuarbeiten, wissen nur wenige.

Angeregt durch die naturwissenschaftlichen Reisebeschreibungen Alexander von Humboldts, hatte *Charles Darwin* an einer Forschungsexpedition teilgenommen, die ihn nach Brasilien, durch die Magellanstraße an die Westküste Südamerikas und zu den Südseeinseln führte. Dabei sammelte er unermüdlich Material, das er in seinen Reisetagebüchern beschrieb und später auswertete. Es waren Vorstudien zu seinem epochalen Werk »On the Origin of Species by Means of Natural Selection« (1859; dt.: »Die Entstehung der Arten durch natürliche Zuchtwahl«), das innerhalb kürzester Zeit weltweit Aufsehen erregte und in fast alle Kultursprachen übersetzt wurde. Es bedeutete eine zweite »kopernikanische Wende« in der Geschichte der Naturwissenschaften und sollte unabsehbare Folgen haben.

Als dieses Buch erschien, war der Großvater meines Großvaters noch ein junger Mann und glaubte, wie die meisten seiner Zeitgenossen, noch fest daran, daß der Mensch von Gott geschaffen und er selbst ein direkter Abkömmling von Adam und Eva sei. Die Naturforscher der damaligen Zeit waren noch vollauf mit dem Sammeln, Beschreiben und Sortieren der vielen Pflanzen- und Tierarten beschäftigt und von der Unveränderlichkeit der von Gott geschaffenen Arten überzeugt. Darwin wies in seinem Buch nach, daß sich die Lebewesen im Verlauf vieler Generationen allmählich verändert hatten: Zunächst erfindet die Natur neue Wesen, indem sie die Anlagen der vorhandenen willkürlich variiert. Anschließend entscheidet der Wettbewerb zwischen den neuen und den alten Formen, wer überlebt und sich weiter fortpflanzen kann. An die Stelle des göttlichen Schöpfungsakts und des sinnvollen Planens der Natur hatte Darwin damit das Spiel des Zufalls und den unerbittlichen Kampf ums Dasein gesetzt. Wie alle anderen Lebewesen war auch der Mensch das natürliche Ergebnis dieses Auswahlverfahrens, am Anfang seiner Ahnenreihe standen nicht Adam und Eva, sondern irgendwelche Affen.

Was Darwin den Gefühlen seiner Zeitgenossen damit antat, war ihm bewußt. Nach der Veröffentlichung seines Buches war ihm zumute wie nach dem »Eingeständnis eines Mords«, denn mit der Vorstellung von einem gütigen Schöpfer hatte er den Menschen auch den Glauben an das göttliche Geschenk der Liebe genommen. Am Ende seines Buches spürt man sein Bemühen, diesen alten Glauben mit einem neuen Inhalt zu füllen: Nicht ein allmächtiger Gott, sondern naturgesetzliches Geschehen bestimmt die Entwicklung der lebendigen Formen aus einer vom Schöpfer geschaffenen Urform allen Lebens.

»Es ist anziehend beim Anblick eines Stückes Erde bedeckt mit blühenden Pflanzen aller Art, mit singenden Vögeln in den Büschen, mit schaukelnden Faltern in der Luft, mit krie-

chenden Würmern im feuchten Boden sich zu denken, dass alle diese Lebensformen, so vollkommen in ihrer Art, so abweichend unter sich und in allen Richtungen so abhängig von einander, durch Gesetze hervorgebracht sind, welche noch fort und fort um uns wirken. Diese Gesetze, im weitesten Sinne genommen, heissen: Wachsthum und Fortpflanzung; Vererbung mit der Fortpflanzung, Abänderung in Folge der mittelbaren und unmittelbaren Wirkungen äusserer Lebens-Bedingungen und des Gebrauchs oder Nichtgebrauchs, rasche Vermehrung bald zum Kampfe um's Daseyn führend, verbunden mit Divergenz des Charakters und Erlöschen minder vervollkommneter Formen. So geht aus dem Kampfe der Natur, aus Hunger und Tod unmittelbar die Lösung des höchsten Problems hervor, das wir zu fassen vermögen, die Erzeugung immer höherer und vollkommener Thiere. Es ist wahrlich eine grossartige Ansicht, dass der Schöpfer den Keim alles Lebens, das uns umgibt nur wenigen oder nur einer einzigen Form eingehaucht habe, und dass, während dieser Planet den strengen Gesetzen der Schwerkraft folgend sich im Kreise schwingt, aus so einfachem Anfang sich eine endlose Reihe immer schönerer und vollkommenerer Wesen entwickelt hat und noch fort entwickelt.«
(Darwin 1859; zit. n. d. dt. Ausg. 1863, S. 524–525)

Darwin wußte, daß auch diese Urform, dieser Keim allen Lebens bereits sämtliche Voraussetzungen seiner weiteren Entwicklung in sich getragen haben mußte: Die Fähigkeit zur Vermehrung ebenso wie die Veränderbarkeit seiner Anlagen. Bereits die allerersten Lebewesen mußten Möglichkeiten gefunden haben, um ihr Überleben zu sichern und überlebensfähige Nachkommen zu hinterlassen. Eine dieser Möglichkeiten bestand darin, daß sich die Individuen mit besonders vorteilhaften Anlagen besser behaupten konnten als ihre weniger bevorteilten Artgenossen. Dieser Gedanke schien Darwin besonders plausibel, denn er erklärte die Herausbildung der sonderbarsten Spezialisierungen, die Darwin bei einzelnen Arten, etwa den nach ihm benannten Finken auf den Galapagosinseln beobachtet hatte. Er betrachtete deshalb den »Kampf ums Dasein« und die »natürliche Auslese« zunächst als eine ausreichende Erklärung für die Herausbildung der Arten und damit auch des Menschen. Aber er muß bereits bei der Abfassung von »On the Origin of Species by Means of Natural Selection« Zweifel daran gehabt haben, ob diese Erklärung tatsächlich ausreichte, um die Herausbildung aller Artmerkmale abzuleiten, vor allem die der höheren Tiere und insbesondere die des Menschen.

An vielen Stellen seines Buches spürt man das Unbehagen darüber, daß er seine Vorstellungen ausbreitet, obwohl sie von ihm noch nicht so weit durchdacht worden waren, wie er sich das wohl wünschte. Es ist gerade so, als ob er damals schon ahnte, wie groß die Gefahr war, daß diese Ideen, gerade wegen der in ihnen noch enthaltenen Lücken, mißverstanden, wenn nicht gar mißbraucht würden. Zwei Jahrzehnte hatte er sie deshalb in aller Stille mit sich herumgeschleppt, sie in jeder ihm möglichen Weise überprüft und zu einem tragfähigen Konzept zusammenzufügen versucht. Als alter Mann sah er sich schließlich gezwungen, sie so, wie sie bis dahin gediehen waren, preiszugeben, offenbar weil er genug Grund zu der Befürchtung hatte, daß andere inzwischen auf ähnliche Ideen gekommen und im Begriff waren, sie in noch viel unausgereifterer Weise öffentlich zu machen. Schon damals ahnte er wohl, daß der von ihm bei so vielen Tierarten beobachtete Ausleseprozeß der am besten an die jeweils vorherrschenden natürlichen Bedingungen angepaßten

Individuen nur die Herausformung mancher, nicht aber aller Artmerkmale erklärte. Offenbar hatte er schon damals erhebliche Zweifel daran, daß dieses Selektionsverfahren überhaupt einen entscheidenden Anteil an der Menschwerdung des Affen hatte. Er suchte nach einer besseren Lösung dieser für ihn besonders wichtigen Frage und veröffentlichte zwölf Jahre später ein zweites Buch, das einem ganz anderen, bisher völlig unbeachteten Auswahlverfahren eine viel entscheidendere Bedeutung zumaß, der Partnerwahl. Für seine viktorianischen, bis dahin mit der biblischen Schöpfungsgeschichte noch recht zufriedenen Zeitgenossen, war bereits die erste Vorstellung, der Mensch sei ein weiterentwickelter Affe, ein schwer verdaulicher Brocken. Sie haben ihn wohl nur deshalb geschluckt, weil ihnen die Idee, das Leben sei ein einziger Kampf ums Dasein, bei dem nur die Besten erfolgreich sein konnten, aus mancherlei Gründen gefiel. Den zweiten Brocken, bei der Menschwerdung habe das Gefühl, das männliche und weibliche Partner verbindet, um gemeinsam Nachkommen zu zeugen und aufzuziehen, eine viel entscheidendere Rolle gespielt, wollten und konnten sie nicht schlucken.

Ausgangspunkt von Darwins Überlegungen war die Tatsache, daß vor allem höhere Tiere, Vögel und Säugetiere, einige unübersehbare Merkmale besaßen, die für den Kampf ums Dasein völlig nutzlos, wenn nicht gar enorm hinderlich waren. Er fragte sich, wie sich das prächtige Gefieder vieler Vögel und die vielgestaltigen Gehörne und Geweihe der Paarhufer, aber auch die nackte Haut der Menschen herausformen und verbreiten konnten, wenn diese Merkmale seinen Trägern doch nur Nachteile im Überlebenskampf einbrachten. Es mußte offenbar einen zweiten Auswahlmechanismus geben, der dem bloßen Wettrennen um das individuelle Überleben entgegenwirkte und der imstande war, aus einem Hahn, der am besten grau und unauffällig zu sein hatte, einen bunt schillernden Vogel zu machen. Die naheliegende Lösung des Problems war kaum zu übersehen: Die Hennen mochten nun einmal buntgefiederte Hähne lieber als graue. Es schien geradezu so, als wüßten die Hennen, daß ein Hahn, der trotz seines auffälligen Gefieders und Gehabes allen Füchsen und sonstigen Räubern entkommen war, in den lebensentscheidenden Dingen besser veranlagt war als seine scheinbar viel besser angepaßten mausgrauen Rivalen.

Darwin nannte das, was sich da offenbar nicht nur bei den Vögeln abspielte, »sexuelle Selektion«. Fast immer waren es die Weibchen, die eine instinktive Vorliebe für bestimmte Merkmale ihrer Sexualpartner entwickelt hatten, und zwangsläufig wetteiferten die Männchen mit der Zurschaustellung dieser Merkmale um die Gunst dieser wählerischen Weibchen. Wer im Rivalenkampf unterlag, wer nicht richtig balzen konnte, wer keine ordentlichen Hochzeitsgeschenke heranschleppte, wer kein Revier behaupten konnte, kein enorm hinderliches Geweih besaß, einen zu kurzen Schwanz hatte, nicht richtig singen konnte oder aus was auch sonst noch für Gründen nicht in der Lage war, ein Weibchen für sich zu begeistern, hatte ganz einfach keine Fortpflanzungschance und blieb mitsamt seinen zumindest in den Augen der Weibchen unattraktiven Anlagen in der Evolution auf der Strecke. Die heutigen Pfauen besitzen also deshalb ein so auffallend schönes Gefieder, weil sich die Pfauenhennen im Lauf der Evolution bei der Paarung immer wieder für besonders betörend buntgeschmückte Hähne entschieden haben.

Es ist nicht schwer zu erraten, weshalb Darwins Zeitgenossen, und vor allem seine fast ausschließlich männlichen Fachkollegen, von dieser Idee bei weitem nicht so begeistert waren, wie von der des »Kampfes ums Dasein«. Dabei hatte Darwin alles versucht, was in seiner Macht stand, um ihnen diese Vorstellungen schmackhaft zu machen. Schon der Titel seines zweiten Buches, »The Descent of Man, and Selection in Relation to Sex« (1871; dt.: »Die Abstammung des Menschen und die geschlechtliche Zuchtwahl«), bringt zum Ausdruck, daß es ihm jetzt, im Gegensatz zu seinem ersten Buch, um die Herausarbeitung der Kräfte und Mechanismen ging, die den Prozeß der Menschwerdung ermöglicht und gelenkt hatten.

Im Anfangsteil dieses Buches beschäftigt er sich noch einmal eingehend mit der Frage, welche Rolle die natürliche Auslese für die Herausbildung der geistigen und moralischen Fähigkeiten des frühen Menschen gespielt hat. Es ist in vieler Hinsicht äußerst aufschlußreich, in dem von seinen Zeitgenossen so wenig beachteten und von mehreren Generationen von Biologen geschmähtem Original herumzublättern.

»Der Verstand muss für ihn von äusserster Bedeutung gewesen sein, selbst schon in einer sehr weit zurückliegenden Periode: er setzte ihn in den Stand, die Sprache zu gebrauchen, Waffen, Werkzeuge, Fallen u. s. w. zu erfinden und zu verfertigen, durch welche Mittel alle er in Verbindung mit seinen socialen Gewohnheiten schon vor langer Zeit der herrschendste von allen lebenden Wesen wurde.«
(Darwin 1871; zit. n. d. dt. Ausg. 1871, S. 343–344)

»Die Entwickelung der moralischen Eigenschaften ist ein noch interessanteres und schwierigeres Problem. Ihr Grund liegt in den socialen Instincten, wobei wir unter diesem Aus-

druck die Familienbande mit einschliessen. Diese Instincte sind von einer äusserst complicirten Natur und bei den niederen Thieren veranlassen sie besondere Neigungen zu gewissen, bestimmten Handlungen: für uns sind aber die bedeutungsvolleren Elemente die Liebe und die davon verschiedene Erregung der Sympathie. Mit socialen Instincten begabte Thiere empfinden Vergnügen an der Gesellschaft Anderer, warnen einander vor Gefahr und vertheidigen und helfen einander in vielen Weisen. Diese Instincte werden nicht auf alle Individuen der Species ausgedehnt, sondern nur auf die derselben Gemeinschaft. Da sie in hohem Grade für die Species wohlthätig sind, so sind sie aller Wahrscheinlichkeit nach durch natürliche Zuchtwahl erlangt worden.

Ein moralisches Wesen ist ein solches, welches im Stande ist, seine früheren und zukünftigen Handlungen und Motive mit einander zu vergleichen, einige von ihnen zu billigen und andere zu missbilligen, und die Thatsache, dass der Mensch das einzige Wesen ist, welches man mit Sicherheit so bezeichnen kann, bildet den grössten von allen Unterschieden zwischen ihm und den niederen Thieren.«
(S. 344–345)

»Zuletzt wird sich denn unser moralisches Gefühl oder Gewissen gebildet haben, jene äusserst complicirte Erfindung, die ihren ersten Ursprung in den socialen Instincten hat, die in grossem Maasse von der Anerkennung unserer Mitmenschen geleitet, von dem Verstand, dem eigenen Interesse und in späteren Zeiten von tiefreligiösen Gefühlen beherrscht, durch Unterricht und Gewohnheit befestigt und durch alle die genannten Momente im Verein zur Aeusserung gebracht wird.

Es darf nicht vergessen werden, dass wenn auch eine hohe Stufe der Moralität nur einen geringen oder gar keinen Vortheil für jeden individuellen Menschen und seine Kinder über die anderen Menschen in einem und demselben Stamme

darbietet, doch ein Fortschritt in dem allgemeinen Maasse der Moralität und eine Zunahme in der Zahl gut begabter Menschen sicher dem einen Stamm einen unendlichen Vortheil über einen anderen verleiht. Es lässt sich nicht zweifeln, dass ein Stamm, welcher viele Glieder umfasst, die in einem hohen Grade den Geist des Patriotismus, der Treue, des Gehorsams, Muths und der Sympathie besitzen und daher stets bereit sind, einander zu helfen und sich für das allgemeine Beste zu opfern, über die meisten anderen Stämme den Sieg davontragen wird, und dies würde natürliche Zuchtwahl sein. Zu allen Zeiten haben über die ganze Erde einzelne Stämme andere verdrängt, und da die Moralität ein Element bei ihrem Erfolg ist, so wird die Stufe der Moralität und die Zahl gut begabter Menschen überall zuzunehmen und sich zu vergrössern streben.«
(S. 144)

»Wenngleich die Umstände, welche zu einer Zahlenzunahme so begabter Leute innerhalb eines und desselben Stammes führen, zu complicirt sind, um einzeln deutlich verfolgt zu werden, so können wir doch einige der wahrscheinlichen Schritte verfolgen. So wird an erster Stelle in der Weise wie die Verstandeskräfte und die Voraussicht der einzelnen Glieder sich bessern, jeder Mensch bald aus Erfahrung lernen, dass, wenn er seine Mitmenschen unterstützt, er auch gewöhnlich in Erwiderung Hülfe von ihnen erfahren wird. Aus diesem niedrigen Motiv kann er die Gewohnheit, seinen Genossen zu helfen, erlangen: und die Gewohnheit, wohlwollende Handlungen auszuüben, kräftigt sicherlich das Gefühl der Sympathie, welches den ersten Antrieb zu wohlwollenden Handlungen abgibt. Ueberdies neigen Gewohnheiten, welche mehrere Generationen hindurch die Menschen gefolgt sind, wahrscheinlich zu Vererbung.«
(S. 142)

… durch Kultur und Erziehung, so wäre aus Rücksicht auf unsere heutigen, postdarwinistischen Auffassungen von Vererbung noch hinzuzufügen. Ansonsten stimmt alles mit dem überein, was die moderne Biologie 150 Jahre nach Darwin nun auch erkannt hat: Im »Kampf ums Dasein« überleben nicht nur diejenigen, die sich besser als alle anderen und damit auf Kosten anderer durchsetzen, sondern auf einer höheren Entwicklungsstufe vor allem diejenigen, die besser als alle anderen zusammenhalten, weil sie durch ein gemeinsames Gefühl miteinander verbunden sind.

Nur in einem Punkt weicht Darwin deutlich von den Auffassungen der heutigen Biologen ab: Er schreckt nicht davor zurück, dieses gemeinsame Gefühl zu benennen und darauf hinzuweisen, daß dieses Gefühl der Solidarität und engsten Verbundenheit nicht angeboren ist, sondern innerhalb der Gemeinschaft entwickelt und gefördert werden muß:

»*So bedeutungsvoll der Kampf um die Existenz gewesen ist und noch ist, so sind doch, soweit der höchste Theil der menschlichen Natur in Betracht kommt, andere Kräfte noch bedeutungsvoller; denn die moralischen Eigenschaften sind entweder direct oder indirect viel mehr durch die Wirkung der Gewohnheit, die Kraft der Ueberlegung, Unterricht und Religion fortgeschritten als durch natürliche Zuchtwahl, obschon dieser letzteren Kraft die socialen Instincte, welche die Grundlage für die Entwickelung des moralischen Gefühls dargeboten haben, ruhig zugeschrieben werden können.*«
(S. 355–356)

Am Ende des ersten Teils seines Buches macht Darwin sogar etwas für die meisten der heutigen Biologen Undenkbares, er bekennt sich selbst zu diesem Gefühl:

»*Die hauptsächlichste Folgerung, zu welcher ich in diesem Werke gelangte, nämlich, dass der Mensch von einer niedriger organisirten Form abgestammt ist, wird für viele Personen, wie ich zu meinem Bedauern wohl annehmen muss, äusserst widerwärtig sein. (…) Was mich betrifft, so möchte ich ebenso gern von jenem heroischen kleinen Affen abstammen, welcher seinem gefürchteten Feinde trotzte, um das Leben seines Wärters zu retten, oder von jenem alten Pavian, welcher von den Hügeln herabsteigend, im Triumph seinen jungen Kameraden aus einer Menge erstaunter Hunde herausführte, – als von einem Wilden, welcher ein Entzücken an den Martern seiner Feinde fühlt, blutige Opfer darbringt, Kindesmord ohne Gewissensbisse begeht, seine Frauen wie Sclaven behandelt, keine Züchtigkeit kennt und von dem gröbsten Aberglauben beherrscht wird.*«
(S. 356)

Im zweiten Teil seiner Schrift versucht Darwin zunächst die körperlichen, geistigen und moralischen Unterschiede, die er auf seinen Reisen und der Begegnung mit verschiedenen menschlichen Kulturen und Rassen beobachtet hatte, mit Hilfe des nunmehr erweiterten Verständnisses der »natürlichen Zuchtwahl« zu erklären und kommt zu dem Schluß, daß es neben dem Prinzip der »natürlichen Zuchtwahl« noch ein zweites Prinzip geben muß, das auf ganz andere Weise zur Herausformung und Festigung bestimmter menschlicher Merkmale geführt hatte:

»*So weit sind denn also alle unsere Versuche, die Verschiedenheiten zwischen den einzelnen Rassen des Menschen zu erklären, vereitelt worden: noch bleibt aber eine bedeutungsvolle Kraft übrig, nämlich geschlechtliche Zuchtwahl, welche mit der gleichen Energie auf den Menschen wie auf viele andere Thiere gewirkt zu haben scheint. Ich will nicht*

behaupten, dass geschlechtliche Zuchtwahl sämmtliche Ver-
schiedenheiten zwischen den Rassen erklären wird. Ein
unerklärter Rest bleibt übrig, über welchen wir in unserer
Unwissenheit nur sagen können, dass, wie ja Individuen
beständig z. B. mit ein wenig runderen oder schmäleren Köp-
fen oder mit ein wenig längeren oder kürzeren Nasen gebo-
ren werden, derartige unbedeutende Verschiedenheiten wohl
fixirt und gleichförmig werden können, wenn die unbekann-
ten Kräfte, welche sie herbeiführten, in einer beständigeren
Art und Weise wirken und durch lang fortgesetzte Kreuzung
unterstützt würden. Ich behaupte auch nicht, dass die Wir-
kungen der geschlechtlichen Zuchtwahl mit wissenschaftli-
cher Genauigkeit angegeben werden können; es kann aber
nachgewiesen werden, dass es eine unerklärliche Thatsache
sein würde, wenn der Mensch durch diese Kraft nicht modi-
ficirt worden wäre, welche in so wirksamer Weise zahllose
Thiere, sowohl hoch als tief auf der Stufenleiter stehend,
beeinflusst hat. Es kann ferner gezeigt werden, dass die Ver-
schiedenheiten zwischen den Rassen des Menschen, wie die
der Farbe, des Behaartseins, der Form der Gesichtszüge
u. s. w. von einer solchen Natur sind, auf welche, wie man
hätte erwarten können, die geschlechtliche Zuchtwahl wohl
eingewirkt haben dürfte.«
(S. 220)

Dabei hat Darwin auch das Gefühl, das Mann und Frau
miteinander verbindet, die geschlechtliche Liebe, als
biologisches Phänomen nicht nur erkannt, sondern
auch die biologische Bedeutung dieses Gefühls für die
Herausbildung der für den heutigen Menschen typi-
schen Merkmale herausgearbeitet:

»In den niederen Abtheilungen des Thierreichs scheint ge-
schlechtliche Zuchtwahl nichts bewirkt zu haben; solche
Thiere sind häufig zeitlebens an einen und denselben Fleck

befestigt oder es sind die beiden Geschlechter in einem und demselben Individuum vereinigt, oder, was von noch grösserer Bedeutung ist, ihr Wahrnehmungs- und intellectuelles Vermögen ist noch nicht hinreichend vorgeschritten, um die Gefühle der Liebe und Eifersucht oder die Ausübung einer Wahl zu gestatten. Wenn wir indessen zu den Arthropoden und Wirbelthieren, selbst zu den niedrigsten Classen in diesen beiden grossen Unterreichen kommen, sehen wir, dass geschlechtliche Zuchtwahl Bedeutendes erreicht hat, und es verdient Beachtung, dass wir hier die intellectuellen Fähigkeiten nach dem nächsten Maasse hin entwickelt finden, indess in zwei verschiedenen Richtungen, nämlich bei den Hymenoptern (Ameisen, Bienen u. s. w.) unter den Arthropoden und bei den Säugethieren, mit Einschluss des Menschen unter den Wirbelthieren.«
(S. 349)

Weil das Gefühl von Zuneigung und Liebe im Gehirn entsteht, wies Darwin schon damals auf die besondere Rolle hin, die das »Cerebralsystem« für die sexuelle Selektion besitzt. Für ihn war es eine Selbstverständlichkeit, daß die künftige Entwicklung des Menschen entscheidend davon abhängt, ob er allmählich begreift, was es heißt, wenn Mann und Frau sich in Liebe vereinen.

»Wer das Princip der geschlechtlichen Zuchtwahl zugibt, wird zu der merkwürdigen Schlussfolgerung geführt, dass das Cerebralsystem nicht bloss die meisten der jetzt bestehenden Functionen des Körpers regulirt, sondern auch indirect die progressive Entwickelung verschiedener körperlicher Bildungen und gewisser geistiger Eigenschaften beeinflusst hat. Muth, Kampfsucht, Ausdauer, Kraft und Grösse des Körpers, Waffen aller Arten, musikalische Organe, sowohl vocale als auch instrumentale, glänzende Farben, Streifen und Zeich-

nungen und ornamentale Anhänge. Alles ist indirect von dem einen oder dem anderen Geschlechte erlangt worden, und zwar durch den Einfluss der Liebe und Eifersucht, durch die Anerkennung des Schönen im Klang, in der Farbe oder der Form und durch die Ausübung einer Wahl; und diese Fähigkeiten des Geistes hängen offenbar von der Entwickelung des Gehirnnervensystems ab.

Der Mensch prüft mit scrupulöser Sorgfalt den Character und den Stammbaum seiner Pferde, Rinder und Hunde, ehe er sie paart. Wenn er aber zu seiner eigenen Heirath kommt, nimmt er sich selten oder niemals solche Mühe. Er wird nahezu durch dieselben Motive wie die niederen Thiere, wenn sie ihrer eigenen freien Wahl überlassen sind, angetrieben, obgleich er insoweit ihnen überlegen ist, dass er geistige Reize und Tugenden hochschätzt. Andererseits wird er durch blosse Wohlhabenheit oder Rang stark angezogen. Doch könnte er durch Wahl nicht bloss für die körperliche Constitution und das Aeussere seiner Nachkommen, sondern auch für ihre intellectuellen und moralischen Eigenschaften etwas thun.«

(S. 354–355)

Was Darwin dabei nicht bedacht hat: Die Menschen müßten hierfür zunächst einmal wissen, wie die Liebe entsteht, was sie bewirkt und weshalb sie so leicht zerbricht. Er war der Meinung, er habe einen bescheidenen Anfang zu diesem Wissen gemacht, aber für seine Zeitgenossen war dieser Anfang viel zu gewaltig und erst recht für seine Erben, die sich nun erst einmal daran machten, alles, was im ersten Buch Darwins stand, zuerst mit dem Spaten und später mit dem Rüstzeug der Molekularbiologen nachzuprüfen.

Erster Kurswechsel: Sozialdarwinismus

Darwin scheint noch zu der Sorte von Naturforschern gehört zu haben, denen es nur um die »reine Erkenntnis« objektiver Gesetzmäßigkeiten ging. Er hat, so ist zu vermuten, die Tragweite seiner Ideen durchaus begriffen. Vergeblich hat er versucht, dem fatalen, von Herbert Spencer übernommenen Slogan »Kampf ums Dasein« eine neue Bedeutung zu geben, indem er die Entstehung der geistigen und moralischen, kulturell tradierten Fähigkeiten des Menschen als zwangsläufige Folge dieses Kampfes darstellte und die sexuelle Selektion als eigentliche Triebfeder der Menschwerdung herausarbeitete. Aber seine Jünger waren bereits davongerudert. Darwin hatte unterschätzt, wie groß die Versuchung der Naturforscher gegen Ende des 19. Jahrhunderts bereits geworden war, den Erwartungen bestimmter, einflußreicher Bevölkerungsschichten entgegenzukommen.

Viele der damaligen Evolutionsbiologen gerieten so unter einen kaum zu widerstehenden Druck, den »naturalistischen Fehlschluß« zu begehen. Sie lieferten, bewußt oder unbewußt, gesellschaftspolitischen Ideologien und Wunschvorstellungen eine scheinbar naturwissenschaftlich begründete Rechtfertigung für die Veränderung der gesellschaftlichen Verhältnisse. So wurden Erkenntnisse aus dem Bereich des Faktischen in den Bereich des Normativen überführt. Das, was bei Darwin nicht mehr als eine Beschreibung eines Naturprozesses war, wurde zur Grundlage moralischer Bewertungen und daraus abgeleiteter Verhaltensmaximen erklärt. »Normativen Biologismus« hat der amerikanische Psychologe D. T. Campbell diese unzulässige Übertragung wissenschaftlicher Befunde auf gesellschaftli-

che Phänomene genannt. Der aus Darwins Selektions-
theorie entstandene Sozialdarwinismus war nur das
erste, allerdings auch gleich besonders folgenschwere
Ergebnis eines von unbewußten Gefühlen und Motiven
beherrschten Denkens der Naturforscher. Für sie war
damals die Versuchung besonders groß, das Prinzip
der natürlichen Selektion normativ auf die bestehenden sozialen und politischen Verhältnisse zu übertragen.

Ausgehend von der Vorstellung, daß die natürliche
Selektion Fortschritt erzeugt, wurde von der Mehrzahl
der damaligen Evolutionsbiologen geschlußfolgert,
daß ein Ausbleiben oder eine Abschwächung dieses
natürlichen Ausleseprozesses nur Rückschritt und
Degeneration hervorbringen könne. Der »künstliche«,
durch Kultur und Zivilisation entstandene Zustand der
Menschheit, so erklärten sie, setze die natürliche Selektion außer Kraft. Notwendig sei daher die Wiederherstellung der natürlichen Auslese. Die Sozialdar-
winisten und in ihrem Gefolge die Eugeniker und
Rassenhygieniker räumten mit dieser Begründung alle
noch existierenden moralischen Barrieren beiseite. Wir
wissen heute, wie schnell und nahtlos Darwins Selekti-
onstheorie in politische Ideologie überführt wurde.
Unter normativer Berufung auf die Prinzipien der biologischen Evolution wurden »natürliche« Grundregeln
des Zusammenlebens und der Moral in der Gesellschaft festgelegt und zum Maßstab des Handelns
erklärt. In Deutschland fand dieses Denken besondere
Bewunderung und wurde zum Wegbereiter für den
Zweiten Weltkrieg und den Holocaust. Über die Liebe
wurde auf diesem Kurs nicht weiter nachgedacht. Sie
konnte zwangsläufig nur ganz bestimmte Formen
haben: Liebe zum Volkskörper, Liebe zum Führer und
Liebe zwischen deutschen Eltern und ihren deutschen

Kindern. Jede andere Liebe galt als wider die Natur und Verrat am deutschen Vaterland.

Zweiter Kurswechsel: Verhaltensdeterminismus

Nach dem Zweiten Weltkrieg wehte der Wind aus einer anderen Richtung. In den ins Schlingern geratenen Booten der Naturforscher beherrschten noch immer ganz bestimmte, zu einer bestimmten Zeit und unter bestimmten gesellschaftlichen Bedingungen gewachsene Gefühle und Motive das Denken derer, die nun versuchten, einen neuen Kurs einzuschlagen. Über die Bedeutung der »natürlichen Zuchtwahl« für die Entwicklung des Menschen hatten diejenigen, die den furchtbarsten »Kampf ums Dasein« der Menschheitsgeschichte überlebt hatten, nun selbst genug erfahren. Ratlos standen sie vor den Ruinen und fragten: »Warum? Wie war das möglich? Was hat uns (oder die) dazu getrieben?«

Die Naturforscher legten sich in die Riemen, jeder pullte so gut er konnte, und Mitte der fünfziger Jahre war zufällig genau die Erklärung gefunden, auf die ihre Zeitgenossen so begierig gewartet hatten: Der Mensch fühlt, denkt und handelt so, wie er es nun einmal tut (und getan hat), weil er durch sein biogenetisch erworbenes »Instinkt-Repertoire« dazu getrieben wird. Applaus, Bewunderung und (irgendwann später für das Gesamtwerk) Nobelpreis! Das sogenannte Böse war erklärt, aber, so fragten damals ebenso viele Menschen, woher kommt das »sogenannte Gute«, die Liebe, die Fürsorge und die Aufopferung?

In den fünfziger Jahren hatten Verhaltensforscher um Konrad Lorenz und Niko Tinbergen das Konzept des »moralanalogen« Verhaltens bei sozial lebenden Tieren entwickelt. Gemeint ist damit ein instinktives Verhaltensrepertoire, das wegen seiner arterhaltenden Zweckmäßigkeit durch natürliche Selektion als stammesgeschichtliche Anpassung entstanden war und nur so aussieht und so erscheint, als sei es von einer Moral bestimmt. Vor allem Konrad Lorenz betonte die in seinen Augen analoge Funktion vieler instinktiver Antriebe und Hemmungen bei gesellig lebenden Tieren zur »rational verantwortlichen Moral« des Menschen.

»Moral-analoges Verhalten« zeigt sich nach Lorenz in verschiedenen Formen der »Loyalität« gegenüber Artgenossen, etwa in der Bereitschaft eines im Sozialrang hochgestellten Individuums zur tätigen, bisweilen sogar das eigene Überleben gefährdenden Unterstützung eines rangniederen Gruppenmitglieds, in der Regeleinhaltung des ritualisierten Kommentkampfes oder in der Achtung von Rang- und Besitz (Futter, Sexualpartner)-Privilegien.

In direkter Übertragung auf den Menschen schrieb er:

»*Die Gleichheit der Funktionen, die soziale Triebe und Hemmungen mit den Leistungen verantwortlicher Moral verbindet, macht es uns oft schwer zu unterscheiden, ob der Imperativ, der uns zu bestimmten Handlungen treibt, aus den tiefsten vormenschlichen Schichten unserer Person oder den Überlegungen unserer höchsten Ratio stammt. Da uns allen von Jugend an eingebleut ist, die letzteren sehr hoch und die ersteren sehr gering einzuschätzen, neigen wir dazu, für Auswirkungen der Vernunft zu halten, was häufig nur einem gesunden Instinktmechanismus entspringt.*«
(Lorenz 1955, S. 105)

Mit anderen Worten:

Das Fühlen, Denken und Handeln des Menschen werde über alle Vernunft hinweg bestimmt durch irgendwelche, in stammesgeschichtlich alten Schichten des menschlichen Gehirns angelegten und von irgendwelchen Genen programmierten neuronalen Verschaltungen. Wenn diese Verschaltungen durch einen Reiz, einen Auslöser aktiviert würden, reagiere der Mensch mit einem angeborenen, instinktiven Handlungsprogramm.

Für den Rest des 20. Jahrhunderts bot diese Vorstellung den Menschen eine willkommene »vernünftige« Erklärung für immer offener zutage tretendes »unvernünftiges« Verhalten einzelner und ganzer Bevölkerungsgruppen. Für die Forscher bedeutete das frischen Wind: Hirnforscher und Molekularbiologen setzten ihre Segel, die einen auf der Suche nach den verhaltenssteuernden Nervenzentren, die anderen auf der Suche nach den genetischen Programmen, die diese Zentren zusammenbauten. Lange bevor sie die offene See erreicht hatten, boten sie schon ihre Erklärungen dafür an, weshalb so viele Menschen »wider jede menschliche Vernunft« handelten. Scheinbar unvernünftiges, von der Norm abweichendes Verhalten, das vor nicht allzu langer Zeit noch als das Werk von Dämonen, Hexen, Zauberern und bösen Teufeln betrachtet worden war, ließ sich nun mit dem Hinweis auf genetisch programmierte Instinktzentren endlich auch wissenschaftlich begründen. Und die Menschen, die schon immer nach verborgenen Kräften gesucht hatten, die sie für all das verantwortlich machen konnten, was sie selbst zu ändern sich außerstande fühlten, nahmen diese Angebote dankbar auf.

- Wer sich zwanghaft dick und rund fraß, hatte ein gestörtes Eßzentrum, das von einer entsprechenden genetischen Veranlagung herrührte.
- Wer nach Sex und Crime gierte, pervers oder sadistisch war, sich selbst kasteite oder andere quälte, hatte ein gestörtes Lustzentrum, auch das gesteuert von einer abweichenden genetischen Anlage.
- Wer nymphoman, homosexuell, pädophil und sonstwie sexuell »abnorm« war, hatte ein gestörtes Sexualzentrum oder die falschen Hormonspiegel, in jedem Fall aber auch einen dafür verantwortlichen Gendefekt.
- Wer schließlich seinen Verstand nicht richtig benutzen konnte, hatte zu starke Instinktzentren – als Überbleibsel der genetischen Anlagen unserer tierischen Vorfahren.
- Und wer unglücklich darüber war, daß bei all der Suche nach den neurobiologischen und genetischen Ursachen und Mechanismen menschlichen Verhaltens die Liebe allmählich völlig aus dem Blickfeld verschwand, hatte einfach nur zu wenig Verstand …

Dritter Kurswechsel: Soziobiologie

Diejenigen Naturforscher, die mit ihren Booten inzwischen am längsten auf hoher See unterwegs waren, die Evolutionsbiologen, blieben nach dem Zweiten Weltkrieg einfach in ihren Booten sitzen und warteten auf eine neue Brise. Bis in die siebziger Jahre erklärten sie die Evolution von Verhaltensprogrammen je nach Bedarf mit einem von zwei Prinzipien. Das eine war das Prinzip der individuellen Selbsterhaltung, das alte Darwinsche Überleben des Tüchtigsten. Das andere war das Prinzip der Arterhaltung, demzufolge diejenige Art oder diejenige Gruppe von Artgenossen überlebte, die die besseren Gene besaß, also das von Darwin in seinem zweiten Buch herausgearbeitete und von den Verhaltensbiologen um Lorenz und Tinbergen weiterentwickelte Konzept der Optimierung altruistischen, gemeinschaftlichen Verhaltens durch Gruppenauslese.

Die beiden Erklärungsprinzipien konnten nebeneinander existieren, solange sie einander nicht widersprachen. Ein Erklärungsnotstand entstand jedoch immer dann, wenn der Vorteil, den ein bestimmtes Verhalten für die Arterhaltung hatte, sich als Nachteil für die Vermehrung des Einzelnen herausstellte. Wie sollten sich innerhalb einer Population gerade jene Individuen genetisch durchsetzen, die im Dienst des Gemeinwohles altruistisch auf ihre Reproduktionsvorteile verzichteten? Wenn die interindividuelle Konkurrenz den Fortpflanzungserfolg des Individuums bestimmte, dann konnte die Grundregel des natürlichen Evolutionsprozesses nur heißen: Eigennutz geht vor Gemeinwohl! Heureka!

Mit dieser Entdeckung war die Flaute endlich vorüber, und eine frische Brise füllte die so lange schlaff herunterhängenden Segel. Mit dem Rückenwind einer breiten Bevölkerungsschicht, die offenbar schon lange sehnsüchtig auf diesen, in ihren Herzen getragenen Satz aus dem Mund der Naturwissenschaftler gewartet hatte, kam das alte Schiff der Evolutionsbiologen endlich wieder in Fahrt. Der Wind wehte dort besonders kräftig, wo der Wohlstand am größten und der Egoismus am ausgeprägtesten geworden war. Der neue Kurs bekam auch einen neuen Namen: »Soziobiologie«, was nichts anderes heißt als Evolutionsbiologie sozialen Verhaltens, also genau das, worüber sich Darwin in seinem zweiten Buch bereits 1871 lang und breit ausgelassen hatte. Diese moderne Soziobiologie zeichnete sich jedoch durch eine entscheidende Neuerung aus: Ausgelesen wird jetzt nicht mehr eine besser organisierte soziale Gruppe oder ein besser angepaßtes Individuum, sondern die am besten programmierten und deshalb durchsetzungsfähigsten Gene oder Genkombinationen.

Der Amerikaner William Hamilton war als erster auf den naheliegenden Gedanken gekommen, daß es nicht die Individuen sind, die den Kampf ums Dasein überleben, sondern ihre Gene. Diese Erkenntnis erlöste die moderne Evolutionsbiologie endlich auch von dem Schattendasein, das sie angesichts des scheinbar unaufhaltsamen Siegeszuges der Molekularbiologen so lange zu führen gezwungen war. Letztere hatten den genetischen Code geknackt und waren seitdem, getragen von einem wahren Erfolgsrausch, von einer Entdeckung zur nächsten gejagt, hatten herausgefunden, was sich hinter Darwins mysteriösen Erbanlagen verbarg, wie die Gene funktionieren, wie man sie verändern, herausschneiden und wieder einsetzen kann. Die Begeisterung war riesig, Erwartungen stiegen ins Unermeßliche, Forschungsgelder flossen in Strömen, die Medien überschlugen sich, und die Nobelpreise stapelten sich.

So kam es, wie es kommen mußte. Seit Mitte der sechziger Jahre konnten und wollten sich auch die Evolutionsbiologen nicht länger der Versuchung entziehen, ihr altes, löchrig gewordenes Ruderboot an das seetüchtige, prallgefüllte und hochtechnisierte Schnellboot der Molekularbiologen anzuhängen. Der Coup klappte, das ohnehin weitverbreitete egoistische Denken bekam nun endlich eine, sogar molekulargenetisch begründete, Rechtfertigung. Der Wortführer der neuen Soziobiologen, Richard Dawkins, brachte das damalige Denken auf den Punkt:

»*Was ist ein egoistisches Gen? Es ist nicht nur ein einzelnes materielles Stückchen DNS. Es ist vielmehr – wie in der Ursuppe – die Gesamtheit aller über die ganze Welt verteilten Kopien eines speziellen Stückchens DNS. Wenn wir uns die Freiheit nehmen, über Gene zu sprechen, als ob sie bewußte Ziele verfolgten – wobei wir uns immer wieder rückversichern müssen, daß wir unsere etwas saloppe Sprache in eine korrekte Ausdrucksweise zurückübersetzen könnten, wenn wir wollten –, so können wir die Frage stellen, welche Absichten ein einzelnes Gen denn eigentlich verfolgt? Es versucht, im Genpool immer zahlreicher zu werden. Dies erreicht es im wesentlichen dadurch, daß es dazu beiträgt, die Körper, in denen es sich befindet, so zu programmieren, daß sie überleben und sich reproduzieren.*«
(Dawkins 1976; zit. n. d. dt. Ausg. 1978, S. 105)

Diese Körper bezeichnet Dawkins als »Vehicles« ihrer Gene. Der Ausdruck »Vehikel« muß dem Übersetzer für deutsche Ohren gar zu abstrus erschienen sein, er benutzte deshalb eine noch unglücklichere Bezeichnung: »Überlebensmaschinen« für die von den Genen zusammengebauten Behälter. So liest man bei Dawkins weiter:

»*Die Überlebensmaschinen begannen als passive Gefäße für die Gene, wobei sie diese mit kaum mehr versorgten als mit Wänden zum Schutz vor der chemischen Kriegführung ihrer Rivalen und den Gefahren zufälligen Molekülbeschusses. (…)*
Die Replikatoren, die überlebten, waren jene, die Überlebensmaschinen bauten, um darin zu leben. Die ersten Über-

48

lebensmaschinen bestanden wahrscheinlich aus nicht mehr als einer Schutzschicht. Aber in dem Maße, wie neue Rivalen mit besseren und wirkungsvolleren Überlebensmaschinen entstanden, wurde das Leben ständig schwieriger. Die Überlebensmaschinen wurden größer und perfekter, und der Vorgang war kumulativ und progressiv.

Sollte der schrittweisen Verbesserung der von den Replikatoren zur Sicherstellung ihres Fortbestandes auf der Welt aufgewendeten Techniken und Kunstgriffe irgendwo ein Ende gesetzt sein? Eine Menge Zeit sollte für Verbesserungen zur Verfügung stehen. Welche sonderbaren Selbsterhaltungsmaschinen würden die Jahrtausende hervorbringen? Welches Schicksal würde vier Milliarden Jahre später den alten Replikatoren beschieden sein? Sie starben nicht aus, denn sie sind unübertroffene Meister in der Kunst des Überlebens. Doch dürfen wir sie nicht frei im Meer umhertreibend suchen; diese ungezwungene Freiheit haben sie seit langem aufgegeben. Heute drängen sie sich in riesigen Kolonien, sicher im Innern gigantischer, schwerfälliger Roboter, hermetisch abgeschlossen von der Außenwelt; sie verständigen sich mit ihr auf gewundenen, indirekten Wegen, manipulieren sie durch Fernsteuerung. Sie sind in dir und in mir, sie schufen uns, Körper und Geist; und ihr Fortbestehen ist der letzte Grund unserer Existenz. Sie haben einen weiten Weg hinter sich, diese Replikatoren. Heute tragen sie den Namen Gene, und wir sind ihre Überlebensmaschinen.«
(S. 23–24)

Nachdem wir so erfahren haben, was wir sind, erklärt uns Dawkins nun auch, wie wir zu sein haben, wie wir uns also verhalten müssen:

»Für eine Überlebensmaschine stellt eine andere Überlebensmaschine (die nicht ihr eigenes Kind oder ein enger Verwandter ist) einen Teil ihrer Umwelt dar, wie ein Felsen oder

49

*ein Fluß oder ein Brocken Nahrung. Sie ist etwas, was ihr in
den Weg gerät, oder etwas, das ausgebeutet werden kann. Sie
unterscheidet sich von einem Felsen oder einem Fluß in
einem wichtigen Aspekt: sie neigt dazu, zurückzuschlagen.
Das deshalb, weil sie ebenfalls eine Maschine ist, die ihre
unsterblichen Gene für die Zukunft verwaltet, und weil auch
sie vor nichts zurückschreckt, um den Fortbestand ihrer
Gene zu sichern. Die natürliche Auslese begünstigt Gene,
die ihre Überlebensmaschinen so steuern, daß sie den besten
Nutzen aus ihrer Umwelt ziehen. Dies schließt ein, daß sie
den besten Nutzen aus anderen Überlebensmaschinen ziehen, ob diese nun der eigenen oder einer fremden Art ange-
hören ...«*
(S. 79)

Vom Standpunkt der Soziobiologen ist das Schicksal
dieser lebendigen »Vehikel« unbedeutend. Was Generationen überdauert, sind gerade nicht die Individuen,
sondern die Gene, das heißt die Replikate und Replikatoren ihrer Struktur- und Verhaltensprogramme.
Jene genetischen Programme, die ihren »Vehikeln« zu
mehr erfolgreich aufgezogenen Nachkommen verhel-
fen, haben die besten Ausbreitungschancen in künfti-
gen Generationen.

Auf den ersten Blick gab diese Überlegung den Aus-
schlag zugunsten des Prinzips der Selbsterhaltung:
Nur Selbstfortpflanzung, so schien es, bringe die Gene,
die das individuelle Verhalten programmieren, in die
nächste Generation. Aber die genetische Information,
auf der das Verhalten eines Individuums beruht, wird
eben nicht nur von ihm selbst vererbt, sondern auch
von seinen Verwandten. »Verwandt sein« ist biologisch
gleichbedeutend mit »weitgehend übereinstimmende
Erbinformation besitzen«. Je enger die Verwandtschaft,
desto mehr Information ist identisch. Ein Individuum,

50

so die Schlußfolgerung der Soziobiologen, habe folg-
lich noch einen zweiten Weg, seine genetische Information in die nächste Generation zu bringen, indem es
nämlich seinen direkten Verwandten helfe und so
deren Fortpflanzungschancen erhöhe. Solches Verhalten sei aus Sicht des Individuums uneigennützig, altruistisch. Es sei aber eigennützig aus Sicht der Gene,
die solches Verhalten programmierten. Sie »sorgten«
gewissermaßen für das Fortkommen ihrer genetischen
Information, indem sie das Individuum darauf programmierten, Trägern derselben Information, also na-
hen Verwandten, zu helfen.

Damit meinten diese Forscher den entscheidenden
Grund dafür gefunden zu haben, daß tierische Gemeinschaften ausschließlich auf dem Prinzip der Ver-
wandtenunterstüzung aufbauen. Auch menschliche
Gemeinschaften müßten auf derartigen Strategien be-
ruhen und die Verwandtschaftsnähe daher eine zen-
trale Rolle für Form und Intensität des sozialen Mitein-
anders spielen.

Allerdings, und das blieb auch den Soziobiologen nicht
verborgen, gibt es durchaus auch kooperatives Verhalten, Hilfe und Unterstützung zwischen Individuen, die
überhaupt nicht miteinander verwandt sind, etwa zwischen engen Freunden und nicht zuletzt zwischen einander liebenden Partnern. Diese Art kooperativen Verhaltens, so argumentierten die Forscher, sei jedoch
ebenfalls durch den strengen Mechanismus der natürlichen Selektion entstanden und als genetisches Prinzip, als sogenannter »reziproker Altruismus« ebenfalls
in den Erbanlagen des Menschen verankert. Dieses
Prinzip greife unter der Voraussetzung, daß die (reproduktiven) Kosten des »altruistischen« Akteurs das
Ausmaß seines (reproduktiven) Gewinns nicht über-

steigen, den er sehr wahrscheinlich dadurch erreichen wird, daß der momentane Nutznießer seiner »altruistischen« Aktion sich bei entsprechender Gelegenheit zumindest gleichwertig revanchiert. »Gibst du mir, gebe ich dir«, so hieß nach Meinung der Soziobiologen das evolutionäre Auswahlverfahren in dem nur diejenigen genetischen Anlagen weitergegeben wurden, deren Träger die Abschätzung zwischen altruistischem Einsatz und persönlichem Vorteil perfekt genug beherrschten.

Robert Trivers, der Erfinder des soziobiologischen Fachterminus »reziproker Altruismus« für diese sonderbare Kosten-Nutzen-Abschätzung, die wir noch immer, ohne an Kosten oder Nutzen zu denken, Liebe nennen, erklärt damit auch gleich, weshalb Männer und Frauen aufgrund ihrer genetisch unterschiedlichen Motive unterschiedliche Reproduktionsstrategien verfolgen müßten:

Aufgrund des unterschiedlichen »Investments«, das beide bei der Aufzucht ihrer Nachkommen zu tragen haben, sei es für die Ausbreitung der männlichen Gene vorteilhaft, wenn die von ihnen konstruierten männlichen Vehikel möglichst viele Nachkommen erzeugen, um die sie sich möglichst wenig kümmerten. Männer neigten deshalb zum Partnerwechsel, konkurrierten miteinander um befruchtungsfähige Frauen und täten deshalb alles, was in ihrer Macht stehe, um ihre Vaterschaft zu sichern, falls es für sie unvermeidlich werde, sich an der Aufzucht ihrer Kinder zu beteiligen. Die weiblichen Gene müßten, laut Trivers, die umgekehrte Strategie einschlagen. Ihre Vehikel seien deshalb äußerst wählerisch, wenn es darum gehe, einen Mann auszusuchen, der optimale Gene hat und bereit ist, in die Kinderaufzucht zu investieren. Deshalb liebten alle Frauen clevere und reiche Männer. Na also! Und, wie könnte es anders sein, die unterschiedlichen Interessen der von ihren egoistischen Genen getriebenen, männlichen und weiblichen Partner müßten daher in einem »Kampf der Geschlechter« ausgetragen werden (Trivers 1985).

Nachdem der eine Soziobiologe klargestellt hat, was unter geschlechtlicher Liebe zu verstehen ist, kann man sich beim nächsten darüber informieren, wie nun auch die Nächstenliebe zu funktionieren hat. Richard Alexander zählt die fünf Regeln auf, die die menschlichen Gene in die Gehirne ihrer »Vehikel« einprogrammiert haben:

1. Hilf nur deinen nächsten Verwandten!
2. Gib jemandem nur dann etwas, wenn du sicher sein kannst, daß du mehr zurückbekommst, als du investiert hast!
3. Hilf dann, wenn du damit rechnen mußt, bestraft zu werden, wenn du nicht hilfst!
4. Hilf anderen, wenn du beobachtet wirst und wenn du erwarten kannst, daß dir daraus in Zukunft Vorteile erwachsen!
5. In allen anderen Situationen: »Do not give«! (Alexander 1979).

Und wer die ganze Botschaft immer noch nicht richtig verstanden hat, der bekommt sie noch einmal ganz dick auf sein erwartungsvoll hingehaltenes Butterbrot geschmiert:

»*Die Ökonomie der Natur ist von Anfang bis Ende wettbewerbsorientiert. Versteht man, warum und wie diese Ökonomie funktioniert, dann kennt man auch die Gründe, auf denen soziale Phänomene basieren. Sie sind der Weg, auf dem ein Organismus auf Kosten eines anderen einen Vorteil*

erringt. Nicht ein Quentchen echter Nächstenliebe versüßt
uns unsere Vorstellung von Gesellschaft, wenn man Senti-
mentalitäten einmal beiseite läßt. Was wie Kooperation aus-
sieht, stellt sich als eine Mischung aus Opportunismus und
Ausbeutung heraus. Die Triebfeder für das selbstaufopfernde
Verhalten eines Tieres liegt letztlich immer in dem Eigen-
nutz, Vorteile zu erzielen, und sei es über Dritte. Und wenn
›zum Wohl‹ der einen Gesellschaft gehandelt wird, heißt das
nichts anderes, als daß zu Lasten der übrigen gehandelt wird.
Solange es ihm selbst nützt, ist von jedem Organismus zu
erwarten, daß er seinen Genossen hilft. Nur wenn er keine
Alternative hat, stellt er sich in den Dienst des Allgemein-
wohls. Bietet sich ihm jedoch eine echte Chance, in seinem
eigenen Interesse zu handeln, kann ihn nichts außer Selbst-
sucht davon abhalten, seinen Bruder, seinen Partner, seine
Eltern oder sein Kind brutal zu behandeln, zu verstümmeln
oder umzubringen. Kratz einen Altruisten, und du siehst
einen Heuchler Bluten.«
(Ghiselin 1974)

Diese Vorstellung soziobiologischer Denkungsart ließe
sich noch seitenlang fortsetzen, aber mit diesen Ideen
über die Grundlagen menschlichen Verhaltens und den
daraus abgeleiteten Rechtfertigungen menschlicher
Verhaltensweisen sind schon genug Bücher gefüllt
worden. Sie haben auch genug Wind erzeugt, um das
Denken von Verhaltensbiologen, Psychologen, Anthro-
pologen, selbst von Sozialwissenschaftlern in eine bestimmte Richtung zu lenken, und sie werden auch den
weiteren Kurs dieser Forscher noch für einige Zeit
bestimmen. Eine desorientierte Gesellschaft, in der
jeder nur noch an sich selbst denkt, in der menschliches
Verhalten von Kosten-Nutzen-Rechnungen bestimmt
wird, und in der den Genen mittlerweile jede Macht
zugestanden wird, ist der richtige Nährboden für der-

artige Erlösungstheorien. Forscher müßten Engel sein, um der Versuchung zu widerstehen und zu erklären, daß die Menschen selbst, nicht ihre Gene, für die moralischen Normen verantwortlich sind, nach denen sie ihr Leben jetzt und auch weiterhin gestalten.

Also wurden die Bedürfnisse befriedigt: Die wissenschaftsgläubigen Laien bekamen ihr Gewissen mit wissenschaftlichen Erkenntnissen beruhigt. Diejenigen Forscher, die noch immer irgendwo voller Neid auf die Erfolge der Molekularbiologie herumdümpelten, bekamen das langersehnte Schlepptau zugeworfen, und die Genforscher freuten sich über soviel unverhofften Zulauf. Doch schon jetzt ist absehbar, daß auch dieser jüngste Kurs nicht allzu lange zu halten sein wird. Es kann sein, daß die Brise der Erwartungen umschlägt und die Menschen irgendwann auf die Idee kommen zu fragen, wie sie sein sollen, anstatt sich immer wieder Gewißheit darüber einzuholen, daß sie so, wie sie sind, aus naturwissenschaftlicher Sicht genau richtig sind. Es kann auch sein, daß es im Lauf der Zeit immer mehr Menschen gibt, denen die Vorstellung abstrus erscheint, als Vehikel ihrer Gene herumzulaufen und für deren Vermehrung zu sorgen, und die nicht länger akzeptieren wollen, daß die Instruktionen für den Aufbau eines Menschen wichtiger sein sollen als der ganze Mensch.

Zwischenbilanz einer hundertjährigen Kreuzfahrt: Kein Land in Sicht

Die postdarwinistische Kreuzfahrt der Naturforscher dauert nun schon länger als ein Jahrhundert. Odysseus hat nicht so lange gebraucht, aber er hatte auch ein Ziel.

Er liebte sein Ithaka und seine Penelope, und wo immer er haltmachte und Gefahr lief, der Versuchung zu erliegen und zu verweilen, regte sich in seinem Herzen früher oder später wieder dieses alte Gefühl und drängte ihn zum Aufbruch. So begab er sich immer wieder von neuem auf die Suche nach dem, was er einst verlassen hatte, ohne zu ahnen, wie lange diese Reise dauern sollte. Als er zu Hause ankam, hatte er alles gesehen und erlebt, was es für einen Sterblichen zu sehen und zu erleben gab, und eine Erkenntnis gewonnen, die ihn die Strapazen der ganzen Reise vergessen ließ. Die Göttin Pallas Athene persönlich flüsterte sie ihm ins Ohr: »Und haltet in aller Zukunft Frieden«.

Ob die fragwürdige Kreuzfahrt der Naturforscher ein so glückliches Ende findet, ist noch ungewiß. Sie haben noch lange nicht alles erforscht, was es auf dieser Welt zu erforschen gibt, und es ist weit und breit keine Göttin in Sicht, die ihnen zuflüstert: »Haltet ein, schaut euch um und fragt euch, was ihr eigentlich sucht, sonst findet ihr in aller Zukunft keinen Frieden.« Und gäbe es so eine wohlwollende Göttin, so würden die meisten dieser Forscher wohl noch immer antworten, was nur die wenigsten von ihnen wirklich tun: »Wir suchen die reine Wahrheit.« Wenn die Göttin sie dann fragte, »Warum?«, so müßten sie antworten: »Damit kein anderer die Menschen mit einer Halbwahrheit ins Verderben schickt.« Und wenn die wohlmeinende Göttin weiter fragte, ob die Menschen denn blind seien und nicht sehen könnten, wo ihr Verderben ist, dann mußten die Forscher zugeben: »Ja, wir halten sie für blind.«
Zurück blieben dann nur noch diejenigen, die offen zugeben, daß sie nicht auf der Suche nach der reinen Wahrheit sind, weil sie ihre eigenen, egoistischen Absichten und Ziele ganz im Sinne der soziobiologischen

Ideen verfolgen. Die Soziobiologen selbst jedoch müßten spätestens jetzt zugeben, daß entweder ihre Theorie falsch ist oder daß sie gelogen haben, als sie behaupteten, auf der Suche nach der reinen Wahrheit zu sein. Gemäß ihrer eigenen Maxime moralischen Handelns – »Gib jemandem nur dann etwas, wenn du sicher sein kannst, daß du mehr zurückbekommst, als du investiert hast« – wären sie gezwungen, zu behaupten, daß sie von den Blinden tatsächlich mehr zurückbekommen als sie ihnen gegeben haben.

So werden vermutlich manche Forscher, die noch immer voller Begeisterung auf hoher See umherrudern, in Wahrheit sehr froh darüber sein, daß bisher noch keine wohlmeinende Göttin aufgetaucht ist, um sie zu fragen, wonach sie eigentlich suchen. In aller Unbekümmertheit werden sie auch in Zukunft das fortsetzen können, was sie vor mehr als einem Jahrhundert begonnen haben: Die Welt, die Gesellschaft, den Menschen, die Zellen, die Gene, die Moleküle und die Atome, so gut sie können, in ihre Einzelteile zerlegen, um diese Einzelteile anschließend wieder so zusammenzufügen, wie man es von ihnen erwartet.

Die Biologie der Liebe
Eine zusammenhängende Geschichte

Jede sich entwickelnde Wissenschaftsdisziplin erreicht irgendwann einen kritischen Punkt, an dem sie gezwungen ist, ihre alten Konzepte und Denkweisen aufzugeben und die inzwischen gesammelten und zunehmend unübersichtlich, oft sogar immer widersprüchlicher gewordenen Einzelbefunde neu zu ordnen. »Achsenzeiten« hat Karl Jaspers solche Epochen genannt. Sie sind dadurch gekennzeichnet, daß die bisher vorherrschende analytische, spaltende Sichtweise durch eine synthetische, das bisher Getrennte nun wieder zusammenfügende Sichtweise abgelöst wird. Alle klassischen Naturwissenschaften haben solche Metamorphosen des Denkens durchlaufen. Namen wie Kopernikus, Kepler, Schrödinger, Einstein, Bohr, Heisenberg, Planck markieren solche Wendepunkte unseres Weltverständnisses. Für die noch relativ junge Wissenschaftsdisziplin, die sich mit dem Leben befaßt, die Biologie, gab es bisher wenig Veranlassung, den so überaus erfolgreichen Weg rein analytischen Denkens zu verlassen. Der eher tragische Ausgang ihrer bisherigen Versuche, voreilige Verallgemeinerungen vorzunehmen und auf menschliches Verhalten zu übertragen, hat die Biologen in ein Dilemma gebracht, aus dem sie sich bis heute nicht befreien konnten: Wenn sie die strenge Grenzlinie zwischen Fakten und Phantasien überschreiten, hören sie auf, Wissenschaftler zu sein.

Wenn es ihnen jedoch nicht gelingt, durch den Einsatz ihrer Phantasie ihr durch streng analytisches Vorgehen angesammeltes Wissen irgendwann neu zu ordnen und zu neuen Konzepten zusammenzufügen, hören sie auch auf, Wissenschaftler zu sein, und laufen Gefahr, endlos auf der Stelle zu treten. Es geht ihnen wie einem Kind, das in die Pubertät gekommen ist und sich davor scheut, erwachsen zu werden. Und so wie der Schritt zum Erwachsenwerden ein schwieriger und mühsamer ist, vollzieht sich auch die Ablösung der Biologen von ihrem bisherigen Denken nur mit großer Mühe.

Von dem noch heute als Urvater der Biologie verehrten Charles Darwin hatten sie die Vorstellung übernommen, die Konkurrenz sei der entscheidende Motor für die Weiterentwicklung aller Lebensformen. Weil diese Idee der Konkurrenz sowohl mit dem analytischen, zerspaltenden Denken der klassischen Naturwissenschaften als auch mit den Vorstellungen maßgeblicher Bevölkerungsschichten übereinstimmte, gab es für die Erben Darwins keinen besonderen Grund, nach irgendeinem anderen Entwicklungsprinzip lebender Systeme zu suchen. Freilich wußten sie sowohl von den Physikern als auch aus eigener Erfahrung, daß alles in der Welt auseinanderfliegt, wenn es nicht durch irgendeine Gegenkraft zusammengehalten wird. Trotzdem richteten sie ihre Aufmerksamkeit und ihre Anstrengungen über ein Jahrhundert lang fast ausschließlich auf die Konkurrenz, auf diejenige Kraft also, die die Entwicklung aller Lebensformen auseinandertreibt und sie so zu immer stärkerer Spezialisierung und Aufspaltung zwingt.

Über ein Jahrhundert lang waren sie sogar der Überzeugung, daß das, was diese auseinandertreibende

Kraft der Konkurrenz bewirke, »Fortschritt« sei, und amüsierten sich köstlich über alle Andersgläubigen und deren »Halbwahrheiten«. Aber auch dieses Zeitalter der halben Wahrheiten nähert sich nun allmählich seinem natürlichen Ende. Selbst die hartnäckigsten Verfechter der Konkurrenzlehre werden erkennen müssen, daß sich halbe Wahrheiten im Kampf ums Dasein schlecht behaupten. Die große Aufgabe der Biologie im 21. Jahrhundert wird darin bestehen, der so ausgiebig beforschten auseinandertreibenden Kraft der Konkurrenz eine komplementäre, für den Zusammenhalt alles Lebendigen verantwortliche Kraft gegenüberzustellen und mit allen Mitteln ihrer wissenschaftlichen Kunst zu erforschen. Wie immer diese andere, bisher so wenig verstandene, weil so lange vernachlässigte Kraft auch immer genannt werden mag, ist mir egal. Dort, wo ich ihren Namen in meinem Lexikon der modernen Biologie suche, finde ich gegenwärtig nur: »Liebe-spfeil = Begattungsinstrument der Schnecken«.

Was die Welt im Innersten zusammenhält

Am Anfang der Welt, sagen uns die Astrophysiker, gab es einen Urknall, und seither fliege alles auseinander. Vor diesem Anfang muß es demnach eine Urverschmelzung gegeben haben, in der sich die gesamte Energie des Universums in einem Punkt vereinigte. Hat also das Universum weder Anfang noch Ende?

Wenn eine starke Energie, so lautet eines der wichtigsten Gesetze der Physik, in eine weniger starke umgewandelt wird, entsteht ein Energieverlust, und es vergeht Zeit. Seit dem Urknall sind das nun schon unvorstellbar viele Jahre. Wenn nun aber viele schwache Energien allmählich zu einer starken Energie verschmelzen, so wie vor dem Urknall oder immer dann, wenn Teilchen fusionieren oder sich ein paar Menschen oder ein Menschenpaar mit gleichen Zielen zusammenschließen, entstünde demnach ein Energiegewinn, und die Zeit liefe rückwärts. Kann unsere Zeit also sowohl vorwärts als auch rückwärts ablaufen?

Wenn alles um uns herum auseinanderfliegt, seine Energie verliert und die Zeit vergeht, weil das ganze Universum, zu dem wir gehören, gerade wieder einmal dabei ist, zu expandieren, so ist doch nichts, was während dieser ganzen Zeit scheinbar gesetzmäßig passiert, ein universelles Gesetz. Überall dort, wo die auseinanderfliegenden Teile so viel von ihrer ursprünglichen Energie verloren haben, daß sie miteinander in Wechselwirkung treten, sich anziehen können, ist bereits eine seltsame Insel einer zukünftigen Welt im Meer der auseinanderstrebenden Teile entstanden. Auf jeder dieser Inseln gelten noch die alten Gesetze, aber auch schon die neuen Gesetze des miteinander verschmelzenden und sich auf einen Urpunkt zubewegenden Universums. Richtig betrachtet, liegt es also in unserer Hand, zu entscheiden, nach welchen Gesetzen wir unser Handeln ausrichten, nach denen unserer gegenwärtigen, noch immer auseinanderstiebenden, oder nach denen einer zukünftigen, als Keim bereits in der Entstehung begriffenen, zusammenfließenden Welt.

Es mag sein, daß, wie die Physiker sagen, sich solche Inseln wie unser Sonnensystem mit unserer Erde, mit dem dort entstandenen Leben und mit uns selbst nicht ewig halten können, weil die einmal gesammelte Energie unserer Sonne allmählich wieder verlorengeht und sich erneut im Weltenall verteilt. Aber ist diese Wahrheit wahrer als die, daß wir hier und heute in der Lage sind, die Zeit anzuhalten und Energie zu gewinnen, indem wir uns zusammenschließen? Richtig betrachtet, gibt es also mehrere Wahrheiten über Sachverhalte und Prozesse, die uns betreffen. Wir können uns aussuchen, nach welcher dieser verschiedenen Wahrheiten wir uns richten wollen.

Finden wir es wichtig, unser Handeln an den besonders lange geltenden und deshalb besonders richtigen Gesetzen eines auseinanderstrebenden Universums oder den schon weniger lange gültigen Regeln unseres Sonnensystems (oder den noch viel vergänglicheren Regeln miteinander konkurrierender Lebensformen) zu orientieren, so wäre es richtig, alles, was in unserer Macht steht, zu tun, um unsere Erde mit allem, was auf ihr lebt, möglichst schnell in kosmischen Staub zu verwandeln.

Finden wir es jedoch wichtig, unser Handeln an den zumindest ebenso lange geltenden Gesetzen eines zusammenfließenden, alle Energie in einem Punkt vereinigenden Universums zu orientieren und uns auf diesem kleinen blauen Planeten einzurichten, der, als eine zwar vergängliche, aber doch noch einige Zeit bewohnbare Insel im Meer eines zerstäubenden Weltalls nach den Gesetzen eines Universums entstanden ist, das es einmal gegeben haben muß und wieder geben wird (und die das eigentlich Unmögliche, die Entstehung von Leben und unsere eigene bisherige Entwicklung möglich gemacht haben), so wäre es richtig, alles, was in unserer Macht steht, zu tun, um all das zu fördern, was unsere zerbrechliche Welt im Innersten zusammenhält.

Es ist schwer, sagen die Physiker, die ungeheure Kraft, mit der die kleinsten Teilchen umherfliegen, zu überwinden. Erst wenn es gelingt, diese auseinanderstrebenden Kräfte zu verringern, können die Teilchen miteinander in eine Wechselbeziehung treten und sich vereinigen. Was die zur Fusion der Teilchen führende Kraft ist, wissen wir nicht. Wir nennen sie Magnetismus, Gravitation, Anziehung. Es muß sich bei dieser, zwei getrennte Teilchen zusammenführenden Kraft um eine Kraft handeln, die aus der eigenen Bewegung dieser Teilchen, ihrer Schwingung, herrührt. Schwingungen können sich wechselseitig aufschaukeln. Die Physiker nennen das Resonanz, Musiker übrigens auch. Wann immer zwei schwingende Systeme (Wellen, Teilchen, Zellen, Organismen, auch Menschen) miteinander in Resonanz treten, kommt es zu einer Annäherung. Unter bestimmten Bedingungen kann diese sich durch Resonanz immer weiter aufschaukelnde Annäherung einen Punkt erreichen, wo mit einem Schlag die Grenzen zwischen diesen Systemen zusammenbrechen. Fortan schwingen sie in Einklang. Das so entstandene Ganze ist mehr als die Summe seiner Teile. Es hat neue, eigene Eigenschaften, und es schwingt nun selbst in einem neuen, eigenen Rhythmus. Resonanz ist das Ganzheit vermittelnde Prinzip unserer Welt. »Auf diese Weise«, so der Molekularbiologe (!) Friedrich Cramer, »läßt sich der Kosmos als ein lebendiges Zusammenspiel seiner schwingenden Teile beschreiben, als Weltresonanz« (Cramer 1996).

Wenn wir die Tendenz, in Resonanz zu treten, als ein universelles Prinzip anerkennen, dann ist die Liebe Ausdruck und Ziel dieses Prinzips.

Was den Einzelnen im Innersten zusammenhält

Als die ersten Einzeller begannen, sich zusammenzu-schließen und zu Vielzellern zu werden, aus denen dann die ersten Pilze, Pflanzen und Tiere entstanden, war das, was diese ersten Zellen zusammenhielt, bereits das, was es noch heute ist: eine Eigenschaft ihrer Oberfläche. Es war diesen Zellen gelungen, die Information für den Aufbau bestimmter Eiweißstoffe in Form bestimmter Nukleinsäuresequenzen in ihren Zellkernen abzuspeichern und diese genetische Information zu benutzen, um eine Zellmembran aufzu-bauen, die dazu neigte, mit der Zellmembran anderer, ähnlicher Zellen in eine enge Wechselbeziehung zu tre-ten. Adhäsionsmoleküle nennen die Biologen diesen Kleber, der auch unsere Zellen noch heute zusammen-hält. Was den Zusammenhalt und das Zusammenwir-ken von Zellverbänden bedroht, sind Störungen, Ver-änderungen ihrer Außenwelt.

Bei Vielzellern, also auch bei uns Menschen, ist die Außenwelt der im Inneren des Organismus befindli-chen Zellen eine durch das Zusammenwirken all dieser Zellen aufrechterhaltene, selbstgeschaffene »innere Welt«. Unsere Innenwelt wiederum läßt sich dank vie-ler weiterer Erfindungen unserer Gene, die nun glück-licherweise fast alle bekannt sind, durch Außenwelt-einflüsse nur noch in dem Maß stören, wie es eben unbedingt notwendig ist, damit der Organismus am Leben bleibt und sich an die Erfordernisse dieser Außenwelt anpassen kann. Durch diese »offenen« Bereiche wie Haut, Darm und Sinnesorgane dringen Veränderungen der Außenwelt in unsere Innenwelt ein und stören die dort vorhandene Ordnung. Fast alle diese Störungen können wir mit Hilfe verschiedener –

unsere innere Ordnung erhaltende – Systeme ausglei-
chen, durch Wirkungen unseres Immunsystems, unseres Hormonsystems und unseres peripheren sympathi-
schen und parasympathischen Nervennetzes. Diese
großen, unseren körperlichen Zusammenhalt gewährleistenden und wiederherstellenden Regelsysteme erkennen viele Störungen von sich aus und reagieren auf
diese Störungen in der ihnen gemäßen, über Jahrmil-
lionen hinweg bewährten Weise. Solange nichts passiert, was ihre Fähigkeiten überfordert, bleiben wir
gesund und am Leben.

Je besser wir voraussehen können, was auf uns zu-
kommt, was unsere innere Ordnung gefährdet, um so
rascher und effizienter können auch unsere inneren
Regelsysteme dafür sorgen, daß unsere innere Ordnung erhalten bleibt. Dazu haben wir ein Gehirn, das
Veränderungen unserer Außenwelt über die Sinnesorgane wahrnehmen und verarbeiten kann. Wer Sinnesorgane besaß, mit denen er die auf ihn zukommenden
Bedrohungen nicht rechtzeitig genug erkennen konnte,
und wer ein Gehirn besaß, das nicht in der Lage war,
die eingehenden Wahrnehmungen mit den als Erfahrungen bereits abgespeicherten Informationen zu vergleichen und in geeigneter Weise auf eine bedrohliche
Veränderung seiner Außenwelt zu reagieren, ist gestorben, ohne Nachkommen zu hinterlassen. Den Vorfahren vieler, noch heute lebender Tiere blieb dieses
Schicksal offenbar erspart, den Menschen bisher auch.
Deshalb sind sie und wir noch am Leben.

Wir leben in einer sich mehr oder weniger rasch, aber
doch ständig verändernden Welt. Die vom Gehirn gesteuerten Reaktionen auf eine wahrgenommene Bedro-
hung müssen sich deshalb auch verändern, müssen

anpassungsfähig, plastisch sein. Wer ein zu starr verkabeltes Gehirn besaß, das außerstande war, auf neuartige Bedrohungen seiner inneren Ordnung mit neuartigen Reaktionen zur Aufrechterhaltung seiner inneren Ordnung zu antworten, ist ebenfalls ausgestorben, jedenfalls dann, wenn sich seine bisherige Welt zu stark zu verändern begann. Manche Tiere und (manche) Menschen besitzen ein so anpassungsfähiges Gehirn, daß sie selbst in einer sich enorm rasch verändernden Welt ihre innere Ordnung aufrechterhalten können. Deshalb sind sie und wir (noch) am Leben.

Wenn sich die Welt, in der wir leben, so schnell verändert, daß die Anpassungsfähigkeit der in unserem Gehirn angelegten Verschaltungen zwischen den Nervenzellen überfordert ist, wenn Reaktionen, die gestern noch geeignet waren, unsere innere Ordnung aufrechtzuerhalten, heute bereits falsch sind und wir zu ahnen beginnen, daß wir der Geschwindigkeit und der Vielfalt der auf uns hereinstürmenden Bedrohungen auch morgen und übermorgen nichts entgegenzusetzen haben, gerät unser Gehirn und geraten mit unserem Gehirn auch die von ihm gesteuerten, unsere innere Ordnung gewährleistenden großen Regelsysteme in Unordnung.

Wir ahnen, daß wir sterben müssen, wenn es uns nicht gelingt, diese innere Ordnung wiederherzustellen und für absehbare Zeit aufrechtzuerhalten. Wir haben Angst, und wir suchen verzweifelt nach einer Lösung, diese Angst, und die mit dieser Angst einhergehende, unkontrollierbare Streßreaktion abzustellen, das verlorengegangene Gleichgewicht wiederzufinden und die zerstörte innere Harmonie wiederherzustellen.

Um den Einklang zwischen sich und der ihn umgebenden Welt herzustellen, kann ein Mensch versuchen, nicht mehr so viel an störenden Einflüssen aus dieser Welt wahrzunehmen. Dazu muß er sich stärker verschließen, sich abwenden und unsensibler gegenüber allem werden, was auf ihn einstürmt und was er zu bewältigen außerstande ist. Er wird so in sich gekehrt, der Welt zunehmend fremd und gerät in Gefahr, das zu verlieren, was er für sein Überleben ebenfalls braucht: Stimulation aus einer sich immer wieder verändernden Außenwelt, damit die Regelmechanismen zur Aufrechterhaltung seiner inneren Ordnung nicht verkümmern.

Er kann auch versuchen, diese ihn störenden und ihn in ihrer Veränderlichkeit immer wieder bedrohenden Einflüsse aus der ihn umgebenden Welt unter Kontrolle zu bringen. Dazu muß er diese seine Welt – und das sind immer die anderen Menschen, die ihn durch ihre Aktivitäten, ihre Wünsche, Forderungen und Wirkungen bedrohen – zu beherrschen suchen. Er muß Macht ausüben, die anderen zwingen oder sie mit subtileren Mitteln dazu zu bringen, sich so zu verhalten, wie es ihm gefällt. Er wird so hart und rücksichtslos, unsensibel und gerät ebenfalls in Gefahr, in der von ihm nach seinen Maßstäben geschaffenen Welt das zu verlieren, was er für sein Überleben braucht: Stimulation aus einer sich immer aufs neue verändernden Außenwelt, damit die Regelmechanismen zur Aufrechterhaltung seiner inneren Ordnung nicht verkümmern.

Schließlich kann ein Mensch versuchen, die Hilfe anderer in Anspruch zu nehmen, deren Stärke, deren Ausstrahlung, deren Erfolgsrezepte, deren Wissen und Können für sich zu nutzen, um die Bedrohungen der ihn umgebenden Welt abzuwenden. Diese »anderen«

müssen nicht unbedingt seine Verwandten, Freunde oder Nachbarn sein. Es können ebensogut Menschen sein, mit denen er sich einfach nur besonders stark verbunden fühlt, obwohl er nur von ihnen gehört, sie aber nie gesehen, geschweige denn persönlich mit ihnen gesprochen hat: Sportler, Künstler, Politiker. Er kann Menschen wegen ihrer Größe, Stärke und Weisheit bewundern, auch wenn sie, wie Jesus schon seit zweitausend Jahren, tot sind. Er kann sich an den Werken und Hinterlassenschaften anderer Menschen begeistern, an ihren Büchern, ihrer Musik, ihren Bildern, und Plastiken. Es müssen auch nicht einmal Menschen, es können auch Tiere sein, etwa ein Hund, eine Katze oder ein Pferd, die einem einzelnen Menschen auf ihre Weise mit ihren besonderen körperlichen oder charakterlichen Eigenschaften Kraft geben können, die vielfältigen Bedrohungen seiner inneren Stabilität auszuhalten und zu bewältigen. Nicht zuletzt kann den Menschen auch ein fester Glaube vor allen durch seine Ängste erzeugten Störungen seiner inneren Welt schützen. Er kann daran glauben, daß es etwas gibt, das ihn beschützt: Gott, die Natur, der allmächtige Arzt in seinem weißen Kittel, der allwissende Professor auf seinem hohen Podest ...

Und wenn er an all das nicht glauben kann, dann bleibt ihm schließlich noch der Glaube an sich selbst.

Für die Empfindung, die uns durchströmt, wenn es uns gelungen ist, mit einem dieser Heilmittel die Angst zu bewältigen, haben wir viele Worte: Erleichterung, Bestätigung, Vertrauen, Genugtuung, Zufriedenheit, Glück.

Gleichzeitig empfinden wir ein Gefühl der Dankbarkeit, der Verehrung und Bewunderung gegenüber dem, was wir gefunden haben und das uns geholfen hat, die zerbrechende innere Ordnung in unserem

Kopf und unserem Körper wiederherzustellen, heil zu machen.

Bisweilen nennen wir dieses Gefühl sogar schon Liebe.

Was ein Paar im Innersten zusammenhält

Frühling im Park. Zwei Menschen schlendern gedankenverloren auf einem einsamen Kiesweg aufeinander zu. Keiner hat den anderen je zuvor gesehen. Sie schauen sich an, ihre Blicke begegnen sich, erwidern sich, und jeder von beiden weiß plötzlich, daß es »gefunkt« hat. Sie gehen weiter, aber sie verlieren sich nicht wieder aus den Augen. Am Abend werden sie sich wahrscheinlich »zufälligerweise« irgendwo wieder begegnen ... So kann eine enge und bisweilen sogar dauerhafte Beziehung zwischen zwei Menschen beginnen, meist sind das Mann und Frau, bisweilen aber auch zwei in ihrem Wesen fast ebenso unterschiedliche Menschen gleichen Geschlechts.

Wir haben uns daran gewöhnt zu glauben, daß die erotische Beziehung zwischen zwei Menschen der Fortpflanzung dient. Die Biologen haben diesen Glauben unterstützt, indem sie uns einzureden versuchten, daß wir von unseren egoistischen Genen zur Fortpflanzung getrieben würden, damit diese erhalten blieben. Das mag wahr sein, aber es hat mit dem, was soeben in diesem Park passiert ist, schlichtweg nichts zu tun. Es ist sogar höchst zweifelhaft, ob die Sexualität selbst überhaupt der Fortpflanzung dient. Es gibt viele Lebewesen, die sich ungeschlechtlich durch Teilung, Sprossung, Knospung, Abschnürung oder gar, wie manche

Eidechsen, durch Parthenogenese, also Jungfernzeugung, bis heute sehr erfolgreich vermehrt und in der Welt behauptet haben. Die Biologen zerbrechen sich deshalb schon seit einiger Zeit die Köpfe, um zu erklären, welchen Nutzen die in ihren Augen recht umständliche und »kostenintensive« sexuelle Reproduktion eigentlich für die Art- (oder Gen-)erhaltung hatte. Die Hypothesen, die sie bis heute eifrig diskutieren, tragen sonderbare Namen wie »Tangled Bank«-Hypothese oder »Red Queen«-Hypothese. Es geht auch hier um nichts anderes als um die Frage, wie der Wettbewerb abläuft und wer ihn gewinnt. Der Ausgang dieses Streits ist noch offen. »Die sexuelle Vermehrung hat sich als Strategie zur Abwehr von Parasiten entwickelt«, behaupten die einen, »Sexualität ist eine weiterentwickelte Form von Parasitismus«, sagen die anderen (Übersicht in: Gould u. Gould 1990). Noch größere Mühe macht es den heutigen Biologen zu erklären, weshalb die Gene irgendwann auf die Idee gekommen sind, ihre männlichen Container oder Vehikel anders zu bauen als die weiblichen und welchen Nutzen sie daraus gezogen haben könnten. Es gibt nämlich Tiere, die sich geschlechtlich fortpflanzen, aber Zwitter sind, Mann und Frau in einer Gestalt, sozusagen, und wieder andere, die erst eine Zeitlang männlichen, später aber weiblichen Geschlechts sind, und schließlich sogar solche, die biologisch überhaupt kein Geschlecht haben und erst durch bestimmte Veränderungen ihrer Außenwelt entweder zu Weibchen oder zu Männchen gemacht werden. Wir können also festhalten: Die unterschiedlichen Geschlechter sind nicht für den Sex gemacht, und der Sex dient nicht der Fortpflanzung.

Warum geschieht dann aber das, was in unserem Park mit zwei einander bis dahin völlig fremden Menschen passiert ist, überall auf der Erde und wahrscheinlich schon seit es (geschlechtlich) unterschiedliche Menschen gibt? Bevor die Biologen damit begannen, mit ihrer Art zu denken nach Antworten auf die wichtigen Fragen des Lebens zu suchen, hatten die Menschen sich offenbar schon lange Gedanken darüber gemacht, was ein Menschenpaar dazu bringt, sich zu finden und sich zu vereinigen:

»Nachdem sie vom Baum der Erkenntnis gegessen hatten«, so heißt es im Bild der Genesis, »erkannten sich die ersten Menschen als Mann und Frau«, als zwei komplementäre Formen ein und desselben Wesens. Sie sahen nicht nur unterschiedlich aus, sie hatten auch jeder für sich eine andere Bestimmung. Nur indem eines der beiden Geschlechter dafür sorgte, das bereits Erreichte zu erhalten, jeden neuen Weg prüfte und absicherte, bevor er endgültig beschritten wurde, konnte das andere Geschlecht all seine Möglichkeiten ausschöpfen, um immer neue und vielleicht sogar geeignetere Wege des - gemeinsamen Überlebens in einer sich ständig verändernden äußeren Welt ausfindig zu machen, auch oder gerade auf die Gefahr hin, daß einzelne dabei immer wieder umkamen. Erst jetzt, da der Mensch nach der biblischen Überlieferung die unterschiedliche Bestimmung von Mann und Frau erkannt hatte, wird in der Schöpfungsgeschichte ein zweiter, ebenfalls »verbotener Baum« erwähnt, der nun sogar mitten im Garten Eden steht und offenbar noch verheißungsvollere Früchte trägt als der Baum der Erkenntnis. In der Kulturgeschichte ist dieser geheimnisvolle Baum zu einem Bild mit verschlüsselter, lebensspendender Kraft geworden.

Die Biologen haben dieses Bild in ihrer unmäßigen

Begeisterung über die Entdeckung des Wettbewerbs als »wahre Triebfeder der Schöpfungsgeschichte« ganz einfach abgehängt. In ihren Augen ist die Information, die dem Bauplan des Menschen zugrunde liegt, wichtiger als das, was aus diesem Bauplan geworden ist: ein Wesen, das im Lauf seines Lebens Erfahrungen machen kann. Eine der frühesten Erfahrungen, die jeder Mensch machen kann, ist die, daß er entweder weiblichen Geschlechts oder aber männlichen Geschlechts ist. Je nachdem, wofür er sich entscheidet (und das muß nicht immer das sein, was er biologisch ist), wird er sich im Lauf seiner weiteren Entwicklung mit den Mitgliedern des einen Geschlechts stärker identifizieren als mit denen des anderen Geschlechts. Er wird sich die Denk- und Verhaltensweisen der einen stärker, die der anderen weniger stark zu eigen machen, bis er schließlich die von ihm eingenommene Geschlechterrolle ebensogut spielen kann, wie all die Männer oder all die Frauen, von denen er seine Rolle gelernt hat. Wenn alles geklappt hat, ist sein geschlechtliches Rollenverständnis eben das der Kultur, der Region und der Zeit, in der dieser Mensch seine Erfahrungen machen konnte. Wäre er nicht hier, sondern in Tibet geboren und unter den dortigen Verhältnissen aufgewachsen, hätte er natürlicherweise ganz andere Vorstellungen davon entwickelt, was einen Mann oder eine Frau ausmacht, welche Bestimmung ein Mann, welche eine Frau zu erfüllen hat und wie die Beziehung zwischen den beiden zu gestalten ist.

Wie unterschiedlich die konkreten Erfahrungen auch sein mögen, die ein Kind auf seinem Weg der Identitätssuche als Mann oder als Frau zu allen Zeiten und an allen Orten dieser Erde zu machen Gelegenheit hatte, eines war und ist immer gleichgeblieben: Jeder heranwachsende Mensch fühlt, ahnt oder weiß ganz genau, daß es noch andere Erfahrungen gibt, Erfahrungen, die er nur hätte machen können, wenn er einer des anderen Geschlechts geworden wäre. So spürt jeder Junge, wenn er zum Mann geworden ist, daß die männliche Erfahrungswelt, in die er nun einmal hineinzuwachsen sich entschieden hat, eigentlich nur die halbe Welt ist. Und so fühlt auch jedes Mädchen, wenn es zur Frau geworden ist, daß die von ihr erschlossene Welt ebenfalls nicht die ganze Welt sein kann. Beide haben eine Ahnung davon, daß sie nur dann die ganze Welt in sich tragen können, wenn sie sich vereinigen. Nur so kann es ihnen gelingen, die in zwei unterschiedlichen Welten gemachten, komplementären Erfahrungen, von denen jeder von ihnen nur die eine Hälfte in sich trägt und die doch ihr oder sein gesamtes Fühlen, Denken und Handeln bestimmt, zu einer einzigen, gemeinsamen Erfahrung zu verschmelzen. Das ist das, was schon die alten Griechen »erotische Liebe« nannten und was bereits in ihrer Vorstellung nicht ausschließlich zwischen einem Mann und einer Frau entstehen muß.

Eine solche erotische Beziehung zwischen zwei Menschen hält so lange an, bis es zwischen beiden nichts mehr zu verschmelzen gibt. Bei manchen Paaren reicht das Bedürfnis nach Verschmelzung nicht weiter als bis zu nackten geschlechtlichen Umarmung. Ihre Beziehung zerbricht, wenn sie vollzogen und das Bedürfnis danach endgültig erloschen ist. Bei anderen Paaren kommt es tatsächlich zu einer immer weiter reichenden Verschmelzung der unterschiedlichen Welten ihrer Gefühle und ihres Denkens. Sind beider Welten hinreichend groß, kann dieser Prozeß weit über die geschlechtliche Vereinigung hinausreichen, selbst nach dem Tod eines Partners wird der überlebende Partner versuchen, die Gefühls- und Gedankenwelt des anderen noch weiter und tiefer zu ergründen.

74

Da auch schon die rein geschlechtliche Liebe erotische Liebe ist und es sie schon bei Tieren gibt, liegt die Vermutung nahe, daß es sich bei der sexuellen Vereinigung um die Urform der erotischen Liebe handelt und letztere eine nur dem Menschen vorbehaltene, mögliche, nicht notwendige Fortentwicklung der sexuellen Liebe darstellt. Das ist zum Glück für die Biologie der Liebe und zum Pech für die Biologen alter Denkungsart falsch.

Nimmt man nämlich ein paar alte, halb vergammelte Laubblätter vom letzten Jahr im Frühling aus dem Park mit nach Hause, legt sie in ein Glas, füllt (ungechlortes) Wasser in das Glas und stellt es unter eine Lampe, so kann man, wenn man Glück hat, etwas beobachten, was uns ahnen läßt, daß lebende Wesen unsere schöne erotische Liebe bereits kannten, als es weder Sexualität noch unterschiedliche Geschlechter, nicht einmal Tiere oder gar Menschen gab.

An den aus dem Park mitgebrachten Blättern hängen winzige, primitive und stammesgeschichtlich uralte Einzeller, die nun in unserem Wasserglas zum Leben erweckt werden und sich munter, durch ungeschlechtliche Teilung, wie das nun einmal seit Urzeiten ihre Art ist, vermehren. Nahrung finden sie im Überfluß (aus den vergammelten Blättern), und Energie in Form von Licht bekommen sie auch genug (von unserer Lampe). Nach drei Tagen gießen wir das Wasser mitsamt diesen urtümlichen Tierchen (oder sind es urtümliche Pflanzen?) in ein anderes Glas um und stellen das Ganze wieder unter die Lampe. Da die alten Blätter nun im Mülleimer gelandet sind, wird den sich noch immer flott vermehrenden Einzellern (für die Biologen: Blepharisma spec.) allmählich die Nahrung knapp. Sie schwimmen umher, und manche landen dabei unten im Glas und müssen versuchen dort zu überleben. In dieser Welt, auf dem Grund des Glases, gibt es viele Nährstoffe (kleine Blattreste, gestorbene Artgenossen) aber leider wenig Licht. Dort können also nur diejenigen überleben und sich weiter vermehren, die am besten in dieser (halben) Welt mit viel Futter und wenig Energie zurechtkommen. Oben im Glas, näher an der Lampe, herrscht eine umgekehrte Welt. Hier gibt es zwar genug Lichtenergie, dafür aber zu wenig Nährstoffe. Dort sammeln sich diejenigen dieser Einzeller, die so beschaffen sind oder denen es gelungen ist, sich so anzupassen, daß sie in dieser anderen (halben) Welt wachsen und sich vermehren können.

Wenn wir unser Glas nun von der Seite betrachten, so erscheint das Wasser in der Mitte ziemlich klar, während es oben und unten trübe aussieht, weil sich dort die Spezialisten der beiden Welten unseres Wasserglases versammelt haben. Jetzt müssen wir nur noch warten, bis es denen oben wie auch denen unten so schlecht geht, daß sie sich nicht (!) mehr vermehren können (weil entweder die Nährstoffe oder das Licht für so viele, wie da unten oder aber oben herumschwimmen nicht mehr ausreicht). Dann geschieht das Wunder! Plötzlich, als ob es gleichzeitig oben und unten gefunkt hätte, fangen beide an, aus ihren zwei Welten aufeinander zuzuschwimmen. Oben wird das Wasser klar, unten wird das Wasser klar und alle versammeln sich in der Mitte.

Was sie dorthin treibt, haben die Mikrobiologen inzwischen auch herausgefunden: Die oben und die unten geben, wenn sozusagen »nichts mehr geht«, Lockstoffe ab, von denen die jeweils anderen unwiderstehlich angezogen werden. Beide schwimmen der aus der jeweils anderen Welt kommenden Duftspur entgegen, und sie treffen sich zwangsläufig in der Mitte.

Was sie dort treiben, sieht man nur noch unter dem Mikroskop: Immer zwei, eine(r) von oben und eine(r) von unten, legen sich aneinander. Dort, wo ihre Zellmembranen aneinanderstoßen und verschmelzen, entsteht eine Öffnung. Durch das entstandene Loch werden nun Bestandteile ihres Inneren ausgetauscht und damit auch die in diesen Bestandteilen enthaltene Information, die ihnen ihre speziellen Fähigkeiten verliehen hat, entweder oben oder unten so besonders gut zurechtzukommen.

Der wundersame Austausch über die in zwei verschiedenen Welten gemachten Erfahrungen und die dort gesammelten Informationen ist leider rasch zu Ende. Die Partner trennen sich, und jeder macht sich nun mit etwas weniger altem und etwas mehr neuem Wissen als vorher auf den Weg.

Vielen scheint diese Verschmelzung neue Möglichkeiten eröffnet zu haben. Sie kommen nun offenbar besser als vorher mit dem zurecht, was ihre kleine Welt oben oder unten im Wasserglas zu bieten hat – eine Zeitlang wenigstens, bis es wieder zu eng wird und das uralte erotische Treiben im Wasserglas von neuem beginnt.

Was eine Gruppe im Innersten zusammenhält

Einen Schwarm Heuschrecken hält tatsächlich nichts weiter zusammen als der genetisch programmierte Instinkt, der jedem Insekt befiehlt, dort zu bleiben, wo viele andere schon sind, und sich dorthin aufzumachen, wohin sich alle anderen aufmachen. Nicht anders ergeht es schwarmbildenden Garnelen, Makrelen und in gewisser Weise, zumindest zu gewissen Zeiten, auch unseren Schwalben und anderen Zugvögeln.

Ein Insektenstaat ist zwar viel besser organisiert, aber noch immer genauso streng programmiert wie ein Schwarm Heuschrecken. Was ihn zusammenhält, sind chemische Signalstoffe, Pheromone, die von ihren Mitgliedern gebildet werden. Wenn sich die Zusammensetzung des im ganzen Bau umherfliegenden Duftcocktails ändert, machen Königin, Arbeiter, Soldaten und andere Trupps instinktiv genau das, was dazu führt, daß die alte Ordnung erhalten oder wiederhergestellt wird. Sie verhalten sich wie von unsichtbaren Kommandos bewegte Roboter. Es ist ein durchaus erfolgreiches Verhalten, aber eben passiv, gelenkt von Instinkten und die wieder von Verschaltungen ihrer wenigen Nervenzellen und die wieder durch ein festgefügtes genetisches Programm. Ihr Verhalten ist daher genauso starr und so unflexibel wie die Programme, die es steuern.

Anders ist es schon bei Tieren, die in großen Kolonien leben. Sie haben kein Programm, das sie zwingt, eine Kolonie zu bilden. Sie bleiben eben einfach dort, wo sie aufgewachsen sind. Sie sind sozusagen der Kolonie verhaftet, entweder im wahrsten Sinn des Wortes, weil sie dort, wo sie sind, festkleben, wie die Korallen oder die Miesmuscheln, oder weil sie während ihrer Kindheit und Jugend so sehr auf die in ihrer Kolonie herrschenden Bedingungen geprägt worden sind, daß sie immer dort bleiben oder zumindest dann, wenn sich ihr Brutinstinkt zu regen beginnt, dorthin zurückkehren. Ihr genetisches Programm sagt nur: Mach diesen oder jenen Kleber oder – bei den Seevögeln – mach ein Gehirn, das eine Zeitlang etwas lernen kann; und das, was es in der Welt dieser heranwachsenden Vögel zu lernen gibt, ist eben nichts anderes, als in einer Kolonie an diesem Ort zu leben. Ziehen wir einen dieser Vögel vom Schlüpfen bis zur Geschlechtsreife mit der Hand bei uns zu Hause auf, dann wird es fast unmöglich sein, ihn wieder in die alte Seevogelkolonie seiner Eltern einzugliedern. Er hat eben kein angeborenes Programm dafür und versucht deshalb instinktiv, uns in unsere Welt, die er nun als seine Welt betrachtet, zu folgen.

Herdentieren, beispielsweise Pferden oder Bisons, geht es nicht grundsätzlich anders. Wem sie später nachlaufen, hängt davon ab, bei wem sie aufgewachsen sind. Ein Pferd, das von einem Zebra gesäugt und aufgezogen wurde, wird sich später immer lieber einer Herde Zebras anschließen als einer Herde Pferde. Es hat eben kein genetisches Programm, das ihm sagt: »Du bist ein Pferd«, sondern die Verschaltungen in seinem Gehirn werden nach seiner Geburt von den Erfahrungen programmiert, die es während seiner frühen Entwicklung macht. Seine genetischen Anlagen legen lediglich fest, daß sich ein Gehirn ausbilden kann, welches zum Zeitpunkt seiner Geburt noch nicht fertig verschaltet ist. Wie die noch offenen Nervenbahnen, die sein späteres Verhalten als Herdentier lenken, dann tatsächlich miteinander verknüpft werden, hängt davon ab, welche Erfahrungen es nach seiner Geburt machen wird.

Die nachhaltigsten Erfahrungen, die ein Vogel oder ein Säugetier machen kann, sind Erfahrungen, die ihm helfen, seine Ängste und die mit ihnen einhergehenden Streßreaktionen zu bewältigen. Angst hat jedes Neugeborene, wenn man es von seiner Mutter wegnimmt. Jeder kennt das Geschrei, das Entenküken, kleine Kätzchen oder Hunde, eben Vögel und Säugetiere, dann machen. Diese Angst und dieses Geschrei geht mit einer

Streßreaktion einher. Die im Verlauf dieser Reaktion ausgeschütteten Transmitter und Hormone tragen dazu bei, daß all die Nervenwege und Verschaltungen, die von diesem Tier zur Bewältigung seiner Angst benutzt werden, gebahnt, das heißt gefestigt und in ihrer Effizienz verbessert werden. Wenn wir das Entlein oder das Kätzchen zu seiner Mutter zurücksetzen, ist die Angst bewältigt, und all die Verschaltungen in seinem noch unfertigen Gehirn, die dabei aktiviert wurden, sind nun besser ausgebaut und effektiver gemacht worden. Es wird deshalb das nächste Mal vielleicht schon schreien und sich zu verstecken suchen, wenn wir uns nur nähern, und es wird all die Nervenbahnen festigen, die es mit seiner ihm Schutz bietenden Mutter verbindet: ihrem Geruch, ihrem Aussehen, ihrem Verhalten. Es wird seine Mutter deshalb in Zukunft noch ein klein wenig besser erkennen und bei ihr Schutz suchen können.

Konrad Lorenz hat dieses Phänomen »Prägung« genannt und geglaubt, die Jungen hätten einen angeborenen Instinkt, der sie zwingt, demjenigen nachzulaufen, den sie zuerst sehen und der sich bewegt. Er hat sich damit offenbar geirrt. Seine frisch geschlüpften Graugänse konnte er nur deshalb auf eine Spielzeugeisenbahn oder auf sich selbst prägen, weil er es ihnen immer wieder ermöglicht hatte, ihre Angst angesichts des auf einmal davonlaufenden, bisher dagewesenen und in ihren Augen deshalb Sicherheit bietenden »Objekts« (Konrad Lorenz also oder seine Eisenbahn) zu bewältigen, indem er auf ihr angstvolles Rufen hin stehenblieb oder die Eisenbahn anhielt. Er gab ihnen so Gelegenheit, das nach der erlebten Angst- und Streßreaktion entstandene Gefühl der Geborgenheit zu erfahren und dabei all die Verschaltungen in ihrem Gehirn zu festigen, die dabei benutzt wurden. Deshalb folgten die Küken der falschen Mutter bei jedem neuen Versuch besser, bis sie am Ende vollständig auf sie (die Spielzeugeisenbahn oder den bärtigen Mann) geprägt waren. Auf eine ungerührt ständig im Kreis herumfahrende Eisenbahn oder eine ständig weglaufende »Mutter« läßt sich nun einmal kein Gänseküken prägen, selbst wenn die »Gänsemutter« Konrad Lorenz hieße und noch so einleuchtende Theorien über angeborene Instinkte entwickelt hätte.

Je früher sich diese prägenden Erfahrungen im Umgang mit der Angst in das Gehirn eingraben können, je verformbarer die Verschaltungen des Gehirns also zu dem Zeitpunkt sind, zu dem diese Erfahrungen gemacht werden, desto besser sitzen sie für den Rest des Lebens. Sie sehen dann aus wie angeborene Instinkte, lassen sich auslösen wie angeborene Instinkte, sind aber keine angeborenen Instinkte, sondern die im Gehirn eingegrabenen, während der frühen Kindheit gemachten Erfahrungen bei der Bewältigung von Angst und Streß (vgl. Hüther 1997).

Primaten, also wir Menschen und unsere nächsten Verwandten, die Menschenaffen, zeichnen sich dadurch aus, daß sie mit einem besonders unfertigen und noch lange durch Erfahrungen veränderbaren Gehirn auf die Welt kommen und daß sie in Gruppen leben, die eigentlich erweiterte Familienverbände, Großfamilien sind. Jedes Neugeborene, das in einer solchen Gruppe aufwächst, wird auf die hier vorgefundenen, ihm Sicherheit und Geborgenheit bietenden Gegebenheiten geprägt, genau wie die Gänseküken auf die von ihnen entdeckte, Schutz bietende »Mutter«, und zwar ohne ein genetisches Programm, das ihnen irgendwelche Verschaltungen ins Hirn baut. Weil diese Prägung bei den Primaten aber wesentlich komplexer ist, heißt sie nun nicht mehr »Prägung«, sondern »Bindung«.

Die erste und deshalb zeitlebens stärkste Bindung erfolgt normalerweise zwangsläufig an die Mutter. Wenn diese Mutter in einer Paarbindung mit einem Mann lebt, und dieser in der Lage ist, dem Kind ebenfalls ein Gefühl von Sicherheit und Geborgenheit zu bieten, weitet sich die primäre Mutterbindung auch auf den Vater aus. Gibt es Geschwister, Großeltern, Onkel und Tanten oder sonstige Gruppenmitglieder, die dem heranwachsenden Kind ebenfalls Schutz und Geborgenheit bieten, entsteht auch zu ihnen eine mehr oder weniger starke Bindung. Wächst das Kind in einer größeren Gruppe oder Großfamilie auf, und ist diese als Ganzes in der Lage, ihm Sicherheit und Geborgenheit zu bieten, so erstreckt sich die Bindung schließlich auch auf die ganze Gruppe, die Großfamilie, den Stamm. Dabei wird das Kind erwachsen. Das einmal entstandene Gefühl der Bindung bleibt erhalten, wenn es nicht durch andere widrige Umstände und Erfahrungen wieder gelockert wird. Deshalb sind alle erwachsenen Mitglieder einer solchen Gruppe »gefühlsmäßig« aneinander gebunden. Das ist der natürliche Kitt, der sie zusammenhält. Er scheint viel wichtiger zu sein als der, den wir später als gemeinsame Kultur und gemeinsame Moral erlernen. Diejenigen Mitglieder, denen eine Gruppe kein Gefühl der Sicherheit und Geborgenheit bei der Bewältigung ihrer Ängste bietet, erleben eine dauerhafte unkontrollierbare Streßreaktion, die dazu führt, daß die einmal entstandenen Verschaltungen gelockert, ihre Bindung an die anderen Gruppenmitglieder wieder gelöst wird.

Wird die Anzahl dieser bindungslosen Mitglieder in einer Gruppe zu groß, zerfällt irgendwann die ganze Gruppe.

Wir erleben gegenwärtig einen solchen Zerfallsprozeß in unserer Gesellschaft, und es ist nicht allzu schwer, das zu benennen, was diese Gesellschaft zur Zeit noch einigermaßen, mehr schlecht als recht zusammenhält: Zuunterst und tief verankert liegen die während der Kindheit vorgefundenen und mit der Bindung an primäre Bezugspersonen übernommenen Werte und Überzeugungen. Darüber gelagert sind all die mehr oder weniger deutlichen Spuren im Denken und Fühlen, die Elternhaus und Schule zurückgelassen haben, mit den von Altersgenossen, von Erwachsenen und den Medien übernommenen Vorstellungen davon, worauf es im Leben ankommt. Auf dieses Fundament werden alle weiteren Erfahrungen gepackt, die ein heranwachsender Mensch heutzutage in der Auseinandersetzung mit der ihn umgebenden Welt machen kann, während der Ausbildung und im Berufsleben. Übernommen wird all das, was brauchbar ist und sich bewährt, also das, was ihm hilft, Sicherheit und innere Stabilität zu finden.

Die geeignetste Strategie, der effektivste Weg zum Erreichen dieser inneren Stabilität und Sicherheit, so lautet die wichtigste und am lautesten propagierte Lebenserfahrung der meisten Menschen in unserem Land, ist die Schaffung psychischer und materieller Unabhängigkeit, also die Aneignung von Macht und Reichtum, oder – wenn das nicht geht – von entsprechenden Statussymbolen. Das, so scheint es, ist inzwischen der einzige Kitt geblieben, der uns, der die wesentlichen Strukturen unserer Gesellschaft noch einigermaßen zusammenhält.

Nur wenigen gelingt es heutzutage noch, einen anderen, zweiten Weg für sich zu erschließen, der ebenfalls geeignet ist, mit der individuellen Angst umzugehen und ein Gefühl von Sicherheit zu schaffen: durch die Aneignung von Wissen und Kompetenz. Diese Strategie verliert jedoch zwangsläufig an Wert in einer Gesellschaft, die das Wissen jedes einzelnen in einer Informationsflut erstickt, individuelle Fähigkeiten und Fertigkeiten durch computergesteuerte Maschinen ersetzt und so immer mehr Menschen mit ihren Erfahrungen und ihren Kompetenzen arbeits- und perspektivlos herumsitzen läßt.

Schließlich gibt es noch einen dritten Weg, den ein Mensch einschlagen kann, um in seinem Leben Geborgenheit und Sicherheit zu finden. Bezeichnenderweise ist dieser Weg aufgrund der in unserer Gesellschaft vorherrschenden Strukturen fast schon in Vergessenheit geraten. Bewußt wird er nur noch von wenigen Menschen, und was noch fataler ist, nur noch von sehr wenigen Menschen in einflußreichen Positionen beschritten. Es ist der Weg der sozialen Bindung, der Verankerung des Einzelnen in der Gemeinschaft. Er kann nur von denjenigen gefunden werden, die im Lauf ihres Lebens die Erfahrung gemacht haben, daß sie selbst nur ein Teil eines größeren Ganzen sind und daß sie als solches nur Sicherheit finden können, indem sie dazu beitragen, den Zusammenhalt innerhalb dieser Gemeinschaft zu festigen. Nur wenn diese soziale Verankerung eines Menschen breit genug ist und wenn die betreffende Person über ein umfangreiches Wissen und vielseitige Kompetenz verfügt, kann sich das herausbilden, was selbst eine ansonsten anonyme Gesellschaft tatsächlich noch zusammenhält: Die Fähigkeit zur Wahrnehmung von sozialer Verantwortung. Die herrschenden Verhältnisse begünstigen jedoch die Zersplitterung unserer Gesellschaft in unterschiedliche, sich oft sogar gegenseitig bekämpfende Interessenverbände. Die soziale Verankerung des einzelnen gestaltet sich unter diesen Bedingungen (wenn überhaupt) nur allzuleicht als sehr enge Bindung einzelner an eine dieser widerstreitenden gesellschaftlichen Gruppierungen. Da der Mangel an hinreichend breiter sozialer Verankerung bei solchen Menschen zwangsläufig mit einem beschränkten Wissen und schmaler Kompetenz einhergeht, schlagen diese Gruppierungen allzuleicht dogmatische oder chaotische Richtungen ein und wirken als starke auseinandertreibende Kräfte in der Gesellschaft.

Aus dieser einigermaßen erschütternden Analyse derjenigen Strukturen, die unsere Gesellschaft mehr schlecht als recht zusammenhalten, läßt sich nur eines schlußfolgern: Lange geht es so nicht mehr weiter. Wir sind auf dem besten Weg, all das, was unser Menschsein ausmacht, aufs Spiel zu setzen und uns wieder den Gesetzen des Urwaldes auszuliefern, aus dem wir kommen. Wir marschieren rückwärts und lassen uns, so blind wir dafür sein müssen, von unseren Experten soziobiologischer Denkungsart auch noch den Marsch dazu blasen.

Der Baum des Lebens und die Früchte der Liebe
Eine unendliche Geschichte

Wer anders denkt, sieht anders, und wer bisher nicht Geschautes plötzlich zu sehen imstande ist, fängt an, anders zu denken. Falls es der Wissenschaft vom Leben irgendwann gelingt, ihre bisherige analytische, zerspaltene Denkweise durch eine synthetische, zusammenfügende Denkweise zu ersetzen, könnte aus der alten Biologie der Angst eine künftige Biologie der Liebe werden.

Die Denkweise der alten Wissenschaft, die ein Jahrhundert lang versucht hat, und noch immer dabei ist, den Baum der Erkenntnis zu plündern und ihn in seine kleinsten Fasern und bis in seine feinsten Wurzelenden zu zerlegen, hat nicht unwesentlich dazu beigetragen, den Menschen sich selbst und der ihn umgebenden Natur zu entfremden. Sie hat die Menschheit nahe an den Abgrund geführt, aber sie hat auch all das erarbeitet und ihr mit auf den Weg gegeben, was sie braucht, um diesen Abgrund zu überspringen. Nie zuvor wußten die Menschen so viel über die sie umgebende Natur, nie zuvor waren die in dieser Natur ablaufenden Veränderungen so genau vorhersagbar, bedrohliche Entwicklungen so vorausschauend steuerbar wie heute. Nie zuvor gab es ein Kommunikationssystem, mit dem alle Menschen dieser Erde miteinander in

Kontakt treten und ihre unterschiedlichen Erfahrungen austauschen konnten. Die Menschheit ist dank dieser Fortschritte theoretisch in der Lage, zu einer großen Familie zusammenzuwachsen. Sie hat einen Wendepunkt ihrer Entwicklung erreicht und ist, ohne es zu ahnen oder gar zu wollen, in die Pubertät gekommen. Nun aber, so scheint es, muß sie sich entscheiden, wohin sie eigentlich will: Sie kann weiter zulassen, daß einige »Wissenschaftler« auf der Suche nach Brennholz für ihre gemütlich beheizten Wohnstuben weiter den Baum der Erkenntnis spalten. Sie kann sich aber auch ebensogut dorthin wenden, wo ein anderer, viel älterer Baum schon seit Urzeiten sehr bemerkenswerte und vielversprechende Früchte trägt, die sie bisher kaum beachtet hat. Sie kann versuchen, diese Früchte zu entdecken. Alles darf sie mit diesem Baum machen, ihn bewundern, ihn gießen und ihn von Schlingpflanzen befreien, nur eines darf sie nicht: ihn spalten und ihn beschneiden.

Wie seine Wurzeln aussehen, können wir nur ahnen. Das Samenkorn, aus dem sie vor Urzeiten entsprungen sind, kennen wir inzwischen recht genau. Es waren etwas längere Nukleinsäurefäden, die durch irgendwelche chemischen Bindungen so gut zusammengehalten wurden, daß sie dem Bombardement kosmischer Strahlung an irgendwie besonders geschützten Stellen der Ursuppe standhielten und irgendwann sogar in der Lage waren, mit anderen größeren Molekülen dieser Ursuppe in eine Wechselbeziehung zu treten, die dazu führte, daß von einigen dieser Fäden eine Kopie entstand, so daß ein zweiter Faden der gleichen Art nun am ersten klebte. Er löste sich und konnte nun seinerseits zum Mutterfaden für weitere Tochterfäden werden, für unendlich viele, bis der Nachschub für diesen chemischen Vermehrungsprozeß ins Stocken geriet oder andere Voraussetzungen dafür, daß dieser sonderbare chemische Vermehrungsprozeß funktionierte, nicht mehr gegeben waren, er also von Außenwelteinflüssen gestört wurde. Diese Fäden waren nicht ganz stabil, die Anordnung ihrer Bausteine änderte sich immer wieder, so daß hin und wieder Fäden entstanden, die sich unter den jeweils herrschenden Bedingungen besser vermehren konnten als andere. Das waren zwangsläufig solche, die eine Kette von chemischen Reaktionen in Gang bringen konnten, die irgendwie dazu führte, daß dieses ganze, sich selbst replizierende Mikrosystem Störungen aus der Außenwelt immer besser abfangen und den notorischen Mangel an chemischen Bausteinen beheben konnte, indem es immer mehr dieser Bausteine selbst, mit Hilfe der auf diesen Fäden enthaltenen chemischen Information, herstellte. Irgendwann ist es einem dieser Mikrosysteme, wieder aufgrund einer leichten Veränderung seines »Informationsfadens«, gelungen, eine Membran zu bilden, die das Ganze endlich effektiv genug gegenüber Störungen von außen abschirmte. Dieses Gebilde war gewissermaßen die »Urmutter« aller heute noch lebenden Zellen und der aus ihnen entstandenen Organismen. Der Baum des Lebens hatte durch nackte Chemie und viel Glück in irgendeinem stillen Winkel einer lebensfeindlichen, bis dahin toten Welt, zu keimen begonnen.

Die Entfaltung dessen, was in diesem Keim bereits angelegt war, konnte weitergehen, und sie ging nach genau denselben Grundregeln weiter, die bereits bisher gegolten hatten:

Die Nukleinsäurefäden, die genetischen Informationsträger, mußten hinreichend stabil sein, um den geordneten Aufbau des Individuums zu ermöglichen, sie mußten aber gleichzeitig so instabil sein, um immer wieder neue Abwandlungen der in ihnen enthaltenen Informationen entstehen zu lassen. Ohne diese Abwandlungen der den Aufbau des Individuums steuernden Information war keine Weiterentwicklung der Lebensformen möglich. Die Richtung, in der diese Fortentwicklung erfolgte, wurde durch die in der Außenwelt herrschenden Bedingungen bestimmt. Diese Bedingungen blieben nie konstant. Durch den mit Fortpflanzung und Vermehrung der Lebewesen einhergehenden Verbrauch bestimmter, hierfür erforderlicher Ressourcen änderten sich diese Bedingungen in ganz bestimmter, gerichteter Weise. Durch kosmische oder klimatische Ereignisse kam es offenbar mehrfach zu unvorhersehbaren Änderungen dieser äußeren Bedingungen. Ohne diese gerichteten Veränderungen der Außenwelt wäre keine Weiterentwicklung, ohne diese ungerichteten Veränderungen kein partieller Zusammenbruch und Neuanfang der Entwicklung der verbliebenen Lebensformen möglich gewesen. Gerichtete Veränderungen ihrer Lebenswelt lenkten die Fortentwicklung der bereits entstandenen oder verbliebenen Lebensformen (eigentlich: der ihrem Bauplan zugrundeliegenden Informationsträger) in eine bestimmte Richtung. Der verstärkte Wettbewerb erzwang eine fortschreitende Spezialisierung der bereits ausgebildeten körperlichen (und geistigen) Potenzen zu immer effektiverer Nutzung ihrer jeweiligen, immer knapper werdenden Ressourcen.

Unter diesem starken Evolutionsdruck, der die bis dahin entstandenen Lebensformen zur Optimierung ihrer spezifischen Leistungen zwang, gewann der Austausch der von Individuen einer Art getragenen und an ihre Nachkommen weitergegebenen genetischen Information zunehmend an Bedeutung.

Die Vereinigung von zwei unterschiedlichen Individuen der gleichen Art zum Austausch genetischer Information hatte es schon auf sehr frühen Entwicklungsstufen gegeben. Aus ihr entstanden nun die vielfältigen Formen der Sexualität, die Trennung in zwei Geschlechter und schließlich auch die innere Befruchtung. Mit der »Erfindung« der inneren Befruchtung wurde ein bisher verschlossenes Tor in eine neue Welt aufgestoßen: Die sexuelle Selektion wirkte nun als eine eigene, gestaltende Kraft, die der bisher ausschließlich vom Kampf ums Dasein nach dem Motto »Jeder gegen jeden« bestimmten Entwicklung der Lebewesen das verlieh, was ihr bisher gefehlt hatte: Jetzt wurde die Welt bunt, duftend, vielgestaltig, vielstimmig und liebenswert. Der Baum des Lebens begann zu blühen und brachte eine Vielfalt an Düften, Farben, Formen und Tönen hervor, die sich wie eine verzaubernde Decke über all die Tristesse und Langweiligkeit ausbreitete, die die natürliche Selektion mit ihrem Auswahlprinzip der am besten an die unwirtlichen Verhältnisse angepaßten Individuen bisher hervorzubringen imstande war, nämlich möglichst grau, graugrün oder braun zu sein, damit man nicht gesehen wurde, möglichst schnell, damit man nicht gefangen wurde, möglichst groß und bewehrt, damit man nicht gefressen wurde, möglichst stark, angriffslustig und mit einem großen Maul daherzukommen, damit man andere fressen konnte.

Die alte Strategie der natürlichen Selektion war mit den Sauriern – vielleicht durch eine kosmische Katastrophe beschleunigt – am Ende ihrer Kunst angekommen. Der Evolutionsdruck, der auf die Ausnutzung der Vorteile der inneren Befruchtung für die gezielte Durchmischung der Erbanlagen von zwei nicht einfach nur unterschiedlichen, einander suchenden und findenden Wesen derselben Art wirkte, muß so groß gewesen sein, daß diese Erfindung der Gene gleich zweimal ausgelesen wurde – bei den Insekten und bei den Wirbeltieren. Partnerwahl hieß das Zauberwort und trieb die Geschlechtspartner nun dazu, Vorlieben für Farben, Formen, Düfte, Töne zu entwickeln, für alles, womit sie einander mit ihren Sinnesorganen wahrnehmen, sich finden konnten. Sie begannen, den in ihren Augen geschmücktesten, in ihren Nasen wohlriechendsten, in ihren Ohren wohlklingendsten von allen nur verfügbaren Sexualpartnern auszusuchen, sich mit ihm zu paaren und Nachkommen zu zeugen, die dieselben Gene hatten und deshalb genauso, im Fall einer geglückten Mutation sogar noch schöner und attraktiver waren als ihre Eltern.

Die Insekten hatten den Zug der sexuellen Selektion offenbar als erste bestiegen und waren damit in eine neue, buntere Welt aufgebrochen. Die graugrünen Schachtelhalme und Bärlappe hatten den Anschluß verpaßt. Dafür war es den Blütenpflanzen gelungen, die Gunst der Stunde zu nutzen, und sie begannen nun, die auf bestimmte Farben, Gerüche und Formen plötzlich so heiß gewordenen Insekten hereinzulegen. Je mehr die Gestalt, die Farbe und der Duft ihrer Blüten den eigentlich auf den anderen Geschlechtspartner gerichteten Vorlieben bestimmter Insekten kam, um so besser wurden sie befruchtet und um so rascher konnten sie sich ausbreiten. Jetzt hatte der Baum des Lebens schon seine zweite Frucht der Liebe bekommen. Daß die Blütenpflanzen, nachdem die Insekten hinreichend spezialisiert auf die ebenfalls noch in den Blüten bereitgehaltenen Nahrungsmittel geworden waren, dann wieder ihre eigenen Wege gingen und die Insekten dazu zwangen, alle möglichen Instrumente und besonderen Sinne zu entwickeln, um der in den Blüten verborgenen Leckerbissen habhaft zu werden, ist offenbar schon eine weitere, spätere Frucht dieser Liebe. Die Biologen nennen diesen Prozeß einander bedingender und voneinander abhängiger Entwicklungsprozesse Koevolution und weisen daraufhin, daß die Selektion am Genotyp, nicht am Phänotyp ansetzt. Trotzdem bleibt unser farbenprächtiger Frühlingspark eine wunderschöne Frucht der Liebe.

Die sexuelle Fortpflanzung, bei der sich ein männliches und ein weibliches Wesen derselben Art vereinigen müssen (um ihre Gene auszutauschen), hat noch etwas Sonderbares hervorgezaubert, nämlich die Fähigkeit, auch solche Dinge auf der Welt wahrzunehmen, die man für den Kampf ums nackte Dasein gar nicht braucht. Vielleicht ist das die allergrößte Frucht der Liebe, die an dem Baum des Lebens gewachsen ist. Schon die Insekten mußten ja das, worauf sie scharf waren, weil es eine Eigenschaft ihres Sexualpartners war, sehen, hören oder riechen können. Und wenn ein Nachtfalter den Duft seines Geschlechtspartners kilometerweit und noch in allergeringsten Konzentrationen wahrzunehmen und zu erkennen imstande war, so hat ihm das zwar bei der Liebe, nicht aber beim Futtersuchen oder beim Ausreißen vor irgendeiner Gefahr genützt. Im Gegenteil. Die gnädige Evolution war sogar der Meinung, daß die Liebe wichtiger sei als das Gefressenwerden, und machte ihn und alle anderen, uns eingeschlossen, blind für die Gefahren der Welt, wenn er (oder wir) von diesem Duft der Liebe hinreichend »betört« umhermarschier(t)en. So bekam das eine Geschlecht immer wachere Sinne für die Signale der Liebe des anderen, und letzteres produzierte immer mehr und immer Betörenderes von dem, auf das ersteres so scharf war.

Das ist bis heute so geblieben und wurde zur Voraussetzung dafür, daß sich etwas ausbilden konnte, das wegen seiner Tragweite nun wahrscheinlich wirklich die größte Frucht der Liebe geworden ist: die Paarbildung als Voraussetzung für die Entwicklung der Familie und damit der Bindung zwischen Eltern und ihren Kindern. Hand in Hand mit dieser Eltern-Kind-Bindung vollzog sich eine atemberaubende Zunahme der geistigen, emotionalen und sozialen Potenzen derjenigen Lebewesen, bei denen diese Bindung am weitesten entwickelt werden konnte. Als diese Entwicklungsstufe erreicht wurde, war bereits eine bisher nie dagewesene Stufe der Komplexität der Lebenswelt entstanden. Sie war gekennzeichnet durch eine enorme Vielfalt verschiedenartigster Veränderungen, Herausforderungen und Bedrohungen und immer bedeutungsvollerer wechselseitiger Abhängigkeiten der vielfältigen, bis dahin entstandenen Lebensformen. Den Herausforderungen und Bedrohungen dieser komplexen Lebenswelt konnten die noch nicht in einer festen Nische gelandeten Arten nur durch die Fortentwicklung ihres sinnlichen Wahrnehmungs- und Verarbeitungssystems begegnen. Dieser gerichtete Evolutionsdruck führt zur Selektion genetischer Programme, die dafür sorgten, daß im Gehirn der diesem Druck am stärksten ausgesetzten Lebensformen (das waren offenbar die Vorfahren der heutigen Vögel und Säugetiere) immer komplexere Verschaltungen der Nervenzellen entstanden, die bei ihrer Geburt noch nicht endgültig festgelegt waren.

Der von den genetischen Programmen offengehaltene, noch nicht festgelegte Anteil von Nervenverbindungen wurde erst nach der Geburt endgültig »verschaltet«. Wie diese Verbindungen tatsächlich miteinander und mit den älteren, bereits fest verdrahteten Nervennetzen des Gehirns verknüpft wurden, hing nun auf einmal von den »Erfahrungen« ab, die das Neugeborene bei der Bewältigung von Herausforderungen und Bedrohungen in seiner realen Lebenswelt machte (vgl. Hüther 1997). Ein immer größer werdender Teil der im Gehirn angelegten Verschaltungen konnte aber von den genetischen Programmen nur bei solchen Arten offengehalten werden, die imstande waren, ihren Nachkommen hinreichend Schutz vor äußeren Bedrohungen zu bieten. Und das gelang nur denen, die eine enge Bindung des Elternpaares und eine hinreichend enge Bindung zwischen den anderen Mitgliedern der Familie, der Großfamilie, der Horde entwickelt hatten. War die Bindung zwischen den erwachsenen Mitgliedern der Horde stark genug, um die Gefahren und Bedrohungen abzuwenden, denen ihre Nachkommen mit ihrem noch nicht ausgereiften Gehirn ausgesetzt waren, so konnten sich über Generationen hinweg solche genetischen Anlagen durchsetzen, die ein immer lernfähigeres Gehirn hervorbrachten. Wurden die egoistischen Selbstbehauptungsinteressen der Erwachsenen zu groß, um ihren Nachkommen den erforderlichen Schutz zu bieten, konnten nur diejenigen Nachkommen überleben, deren Hirnentwicklung strenger genetisch gesteuert und deren Verhalten stärker von angeborenen Instinkten gelenkt wurden.

An diesem Punkt schieden sich nun die Geister während der frühen Phase der Menschheitsentwicklung endgültig. Diejenigen Horden, die diese emotionale Bindung nicht entwickeln konnten, boten keine Voraussetzung für die Herausbildung immer langsamer ausreifender und deshalb immer lernfähigerer Gehirne, und ohne solche Gehirne konnte keine enge Bindung der Nachkommen an möglichst viele Mitglieder ihrer Horde »erlernt« werden. Diesen, nur begrenzt lernfähigen, noch stark instinktgesteuerten Wesen ist der Übergang zur Menschwerdung nicht gelungen. Diejenigen Horden, die diesen Sprung zwar schafften, bei denen aber später aufgrund irgendwelcher, meist äußerer Störungen das Band, das sie bis dahin zusammengehalten hatte, wieder zerriß, sind entweder ausgestorben oder konnten nur weiter überleben, indem sich bei ihnen wieder genetische Anlagen durchzusetzen begannen, die die Hirnentwicklung ihrer Nachkommen beschleunigten und ihr Verhalten stärker durch instinktive Reaktionen bestimmten. Ihre sich zu langsam entwickelnden, zu wenig instinktgesteuerten Nachkommen sind wahrscheinlich an den Folgen anhaltender unkontrollierbarer psychosozialer Belastungen zugrunde gegangen oder haben ihre Reproduktionsfähigkeit eingebüßt.

Da wir ein zeitlebens lernfähiges Gehirn besitzen, muß es unseren frühen Vorfahren immer wieder gelungen sein, das Band, das sich zwischen den Eltern ihrer Nachkommen als erotische Beziehung zwischen Mann und Frau spannte, zu erhalten und zu festigen. Ebenso müssen sie es verstanden haben, das zweite, noch viel wichtigere Band immer fester und haltbarer zu machen. Es muß ihnen gelungen sein, das Gefühl einer engen Bindung zwischen den Mitgliedern ihrer Familie, ihrer Großfamilie, ihres Stammes und ihrer immer größer werdenden Gemeinschaft in die Gehirne ihrer Nachkommen einzugraben. Nur so konnten wir werden, was wir bis heute noch immer sind:

keine von irgendwelchen Genen auf Konkurrenz und Selbstbehauptung programmierten Roboter, sondern *Kinder der Liebe*.

Nur allmählich wird es vielleicht Zeit, daß wir uns entschließen, nun auch erwachsen zu werden.

Epilog
Variationen über ein Thema

In einer etwa um das Jahr 1520 erschienenen Schrift (in:
Dithmar 1856) berichtet der Barfüßermönch Johannes
Pauli über einen Disput zwischen einem Weisen und
einem Narren. Den Narren hatte man als einen Gelehr-
ten herausgeputzt, damit der Weise nicht merkte, wen
er vor sich hatte. Keiner von beiden sollte bei dem Disput den Mund auftun.

Geistige Turniere, die vor einem großen Zuschauer-
und Hörerkreis ausgetragen wurden, waren in früheren Jahrhunderten nichts Ungewöhnliches. Daß man
sich hierbei jedoch allein der Mimik und Gestik be-
diente, war freilich nicht die Regel. Pauli spielte mit seiner Anekdote auf das zu seiner Zeit bekannte Zitat an:
»si tacuisses philosophus mansisses«. Die erste Geste,
die der Weise zeigte, bestand darin, daß er den Zeigefinger hob. Er wollte damit sagen, daß es nur einen Gott
gibt und daß es die Aufgabe des Menschen ist, eine Entscheidung zu treffen.

Was er damit meinte, hat ein Zeitgenosse Paulis, Gio-
vanni Pico della Mirandola, in einer einzigartigen Rede
»Über die Würde des Menschen« zum Ausdruck
gebracht:

»*Bereits hatte Gott-Vater, der höchste Baumeister, dieses
irdische Haus der Gottheit, das wir jetzt sehen, diesen Tem-
pel des Erhabensten, nach den Gesetzen einer verborgenen*

Weisheit errichtet. Das überirdische Gefilde hatte er mit Geistern geschmückt, die ätherischen Sphären hatte er mit ewigen Seelen belebt, die materiellen und fruchtbaren Teile der unteren Welt hatte er mit einer bunten Schar von Tieren angefüllt. Aber als er dieses Werk vollendet hatte, da wünschte der Baumeister, es möge jemand da sein, der die Vernunft eines so hohen Werkes nachdenklich erwäge, seine Schönheit liebe, seine Größe bewundere. Deswegen dachte er, nachdem bereits alle Dinge fertiggestellt waren, wie es Moses und der Timaeus bezeugen, zuletzt an die Schöpfung des Menschen. Nun befand sich aber unter den Archetypen in Wahrheit kein einziger, nach dem er einen neuen Sprößling hätte bilden sollen. Auch unter seinen Schätzen war nichts mehr da, was er seinem neuen Sohn hätte als Erbe schenken sollen, und unter den vielen Ruheplätzen des Weltkreises war kein einziger mehr vorhanden, auf dem jener Betrachter des Universums hätte Platz nehmen können. Alles war bereits voll, alles unter die höchsten, mittleren und untersten Ordnungen der Wesen verteilt. Aber es wäre der väterlichen Allmacht nicht angemessen gewesen, bei der letzten Zeugung zu versagen, als hätte sie sich bereits verausgabt. Es hätte der Weisheit nicht geziemt, wenn sie aus Mangel an Rat in einer notwendigen Sache geschwankt hätte. Es wäre der milden Liebe nicht würdig gewesen, daß derjenige, der bei anderen Geschöpfen die göttliche Freigebigkeit loben sollte, bei sich selbst gezwungen wäre, diese zu verdammen.

Daher beschloß denn der höchste Künstler, daß derjenige, dem etwas Eigenes nicht mehr gegeben werden konnte, das als Gemeinbesitz haben sollte, was den Einzelwesen ein Eigenbesitz gewesen war. Daher ließ sich Gott den Menschen gefallen als ein Geschöpf, das kein deutlich unterscheidbares Bild besitzt, stellte ihn in die Mitte der Welt und sprach zu ihm: ›Wir haben dir keinen bestimmten Wohnsitz noch ein eigenes Gesicht, noch irgendeine besondere Gabe verliehen, o Adam, damit du jeden beliebigen Wohnsitz, jedes beliebige

Gesicht und alle Gaben, die du dir sicher wünschst, auch
nach deinem Willen und nach deiner eigenen Meinung
haben und besitzen mögest. Den übrigen Wesen ist ihre
Natur durch die von uns vorgeschriebenen Gesetze bestimmt
und wird dadurch in Schranken gehalten. Du bist durch
keinerlei unüberwindliche Schranken gehemmt, sondern du
sollst nach deinem freien Willen, in dessen Hand ich dein
Geschick gelegt habe, sogar jene Natur dir selbst vorherbe-
stimmen. Ich habe dich in die Mitte der Welt gesetzt, damit
du von dort bequem um dich schaust, was es alles in dieser
Welt gibt.

Wir haben dich weder als einen Himmlischen noch als
einen Irdischen, weder als einen Sterblichen noch einen
Unsterblichen geschaffen, damit du als dein eigener, voll-
kommen frei und ehrenhalber schaltender Bildhauer und
Dichter dir selbst die Form bestimmst, in der du zu leben
wünschst. Es steht dir frei in dieser Unterwelt des Viehes zu
entarten. Es steht dir ebenso frei, in die höhere Welt des Gött-
lichen dich durch den Entschluß deines eigenen Geistes zu
erheben.‹«
(aus: Geerk 1995, S. 263–265)

Der Narr jedoch, der den erhobenen Zeigefinger des
Weisen auf sein persönliches Wohl und Wehe bezog,
glaubte, daß ihm sein Gegner ein Auge ausstechen
wollte. Er erhob nun also seinerseits zwei Finger, um
anzudeuten, daß er dem Weisen beide Augen ausstechen würde, wenn dieser ihn bedrohe. Indem er Zeige-
und Mittelfinger demonstrativ emporstreckte, spreizte
sich auch sein Daumen leicht seitwärts ab. Der Weise
sah die drei aufgerichteten Finger und nickte befriedigt, denn er war nun sicher, daß er von dem anderen
richtig verstanden worden war: Hatte er selbst nur auf
eine Vorbedingungen des Menschseins hingewiesen,
so belehrte ihn der andere »Gelehrte« mit seiner Geste

nunmehr, daß es in Wirklichkeit drei Fähigkeiten sind, die den Menschen auszeichnen, daß ohne die Trinität von Glaube, Hoffnung und Liebe, keine wahrhaft menschliche Entscheidung möglich sei.

Um auszudrücken, daß dieser Tatsache nichts hinzuzufügen sei, streckte der Weise dem Narren jetzt die offene Handfläche vor. Der jedoch war nach wie vor davon überzeugt, daß es sein Gegner auf Gewalttätigkeiten abgesehen habe, und deutete deshalb die ausgestreckte Hand als Androhung einer Ohrfeige. Daraufhin ballte er die Faust, um deutlich zu machen, daß er ihm damit ins Gesicht schlagen werde.

Hier endet die Erzählung des Barfüßermönches.

Es gibt nur zwei Möglichkeiten, wie dieser Disput ausgehen kann: Entweder gelingt es dem Narren, seine Ängste zu überwinden und so zu denken wie der Weise, oder der Weise tut so, als sei er ein Narr …

Literatur

Alexander, R. D. (1979): Darwinism and Human Affairs. Seattle/London.

Cramer, F. (1996): Symphonie des Lebendigen. Versuch einer allgemeinen Resonanztheorie. Frankfurt a. M.

Darwin, C. (1859): On the Origin of Species by Means of Natural Selection, London.

Darwin, C. (1863): Über die Entstehung der Arten im Thier- und Pflanzen-Reich durch natürliche Züchtung oder Erhaltung der vervollkommneten Rassen im Kampfe um's Daseyn. 2. Aufl., Stuttgart.

Darwin, C. (1871): The Descent of Man, and Selection in Relation to Sex. London.

Darwin, C. (1871): Die Abstammung des Menschen und die geschlechtliche Zuchtwahl. Stuttgart.

Dawkins, R. (1976): The Selfish Gene. Oxford.

Dawkins, R. (1978): Das egoistische Gen. Berlin.

Dithmar, G. T. (1856): Die Anekdotensammlung des Barfüßermönchs Johannes Pauli, genannt Schimpf und Ernst, fast kurzweilig und nützlich zu lesen, in einer 244 Stück begreifenden Auslese. Marburg.

Friedenthal, R. (1981): Karl Marx. Sein Leben und seine Zeit. München.

Geerk, F. (1995): Kongress der Weltweise. Ein Lesebuch des Humanismus. Solothurn/Düsseldorf.

Ghiselin, M. T. (1974): The Economy of Nature and the Evolution of Sex. Berkeley.

Gould, J. L.; Gould, C. G. (1990): Partnerwahl im Tier-
reich. Sexualität als Evolutionsfaktor. Heidelberg.

Hüther, G. (1997): Biologie der Angst. Göttingen.

Lorenz, K. (1955): Über das Töten von Artgenossen. In:
Jahrbuch der Max-Planck-Gesellschaft. Göttingen.

Trivers, R. (1985): Social Evolution. Menlo Park.

Wenn Sie weiterlesen möchten ...

Gerald Hüther
Männer – Das schwache Geschlecht und sein Gehirn

Das menschliche Gehirn ist weitaus formbarer als bisher gedacht. Nervenzellen verknüpfen sich so, wie man sie benutzt. Das gilt vor allem für das, was man mit besonderer Intensität tut. Da sich kleine Jungs, halbstarke Jugendliche und dann auch die erwachsenen Vertreter des männlichen Geschlechts für so ganz andere Dinge begeistern als Mädchen und Frauen, bekommen sie zwangsläufig auch ein anderes Gehirn. So geht es also in diesem Buch eigentlich gar nicht um die Schwächen der Männer, sondern vielmehr um deren Transformation auf dem Weg zur Mannwerdung unter Nutzung der in ihnen angelegten Potentiale – und darum, was das für ihr Gehirn bedeutet oder bedeuten könnte.

Gerald Hüther
Biologie der Angst
Wie aus Streß Gefühle werden

Gerald Hüther führt die neuesten Erkenntnisse über die biologische Funktion der Stressreaktionen im Gehirn zu überraschenden Einsichten über die Herausbildung emotionaler Grundmuster wie Vertrauen, Glaube, Liebe, Abhängigkeit, Hass und Aggression. Die neuronalen Verschaltungsmuster, die der Mensch in der frühkindlichen Entwicklung erlernt und in seinem Hirn gleichsam gebahnt hat, schaffen sein Verlangen, geliebt und anerkannt zu werden, und befähigen ihn erst dazu, etwas anderes als sich selbst lieben zu können.
Die Psychologie und die Tiefenpsychologie haben aus eigenen Beobachtungen Theoriegebäude aufgetürmt und damit diagnostiziert und therapiert. Dieses Buch gibt ihnen eine neurologische Untermauerung. Es ist geschrieben in einer leicht lesbaren Sprache, es erklärt in eingängigen Beispielen, weil es über Fachgrenzen hinweg verstanden werden will. Es gibt jedem, Fachleuten wie Laien, einen neuen Horizont im Verständnis menschlicher Entwicklung. Hochkompliziertes wird sinnfällig, Vages wird konkret und Naturwissenschaft versöhnt sich mit unseren alten Vorstellungen von der Seele.

Gerald Hüther
Wie aus Stress Gefühle werden
Betrachtungen eines Hirnforschers

Photographien von Rolf Menge

Ohne Stress könnten wir die kreatürliche Angst nicht überwinden.
Wir könnten nicht einmal denken, fühlen, lieben, die Welt begreifen.
Nichts fürchten wir so sehr wie unsere ureigenen Ängste. Und doch sind
es gerade unsere Ängste in all ihren Schattierungen, die unsere geistige
und emotionale Entwicklung in Bewegung bringen. Angst und immer
wieder nur Angst bewirkt im Menschen einen Stress-Reaktions-Prozeß,
der die Voraussetzungen schafft für die Lebensgestaltung auf geistiger,
emotionaler und körperlicher Ebene.
Gerald Hüther lädt ein zur Besinnung, zum Innehalten und zur Einstim-
mung in eine neue Gedankenwelt. Die Kernaussagen seines erfolgreichen
Buches *Biologie der Angst* und die ruhige Art seiner Argumentation werden
in diesem Band zusammengeführt mit meisterhaften Fotografien.

Gerald Hüther
Bedienungsanleitung für ein menschliches Gehirn

In der modernen Hirnforschung wurden bahnbrechende Entdeckungen
gemacht. Die sogenannte Plastizität des menschlichen Gehirns bedeutet,
dass es lebenslang veränderbar, ausbaubar, anpassungsfähig ist. Sogar
die Masse der Gehirnzellen ist, entgegengesetzt der früheren Auffassung
der Wissenschaftler, nicht endgültig festgelegt, sondern kann im Verlauf des Lebens noch zunehmen. Nach den neuesten Erkenntnissen der
Hirnforscher hat die Art und Weise der Nutzung des Gehirns einen entscheidenden Einfluss darauf, welche neuronalen Verschaltungen angelegt
und stabilisiert oder auch destabilisiert werden. Die innere Struktur und
Organisation des Gehirns passt sich also an seine konkrete Benutzung an.
Wenn das Gehirn eines Menschen aber so wird, wie es gebraucht wird
und bisher gebraucht wurde, dann stellt sich die Frage, wie wir eigentlich mit unserem Gehirn umgehen müssten, damit es zur vollen Entfaltung der in ihm angelegten Möglichkeiten kommen kann.
In einer leicht lesbaren, bildreichen Sprache geht Gerald Hüther diesem
Fragenkomplex nach und gelangt zu Erkenntnissen, die unser gegenwär-
tiges Weltbild erschüttern und die uns zwingen, etwas zu übernehmen,
was wir bisher allzu gern an andere Instanzen abgegeben haben: Verantwortung.

Gerald Hüther

Die Macht der inneren Bilder
Wie Visionen das Gehirn, den Menschen und die Welt verändern

Innere Bilder – das sind all die Vorstellungen, die wir in uns tragen und die unser Denken, Fühlen und Handeln bestimmen. Es sind Ideen und Visionen von dem, was wir sind, was wir erstrebenswert finden und was wir vielleicht einmal erreichen wollen. Es sind im Gehirn abgespeicherte Muster, die wir benutzen, um uns in der Welt zurechtzufinden. Wir brauchen diese Bilder, um Handlungen zu planen, Herausforderungen anzunehmen und auf Bedrohungen zu reagieren. Aufgrund dieser inneren Bilder erscheint uns etwas schön und anziehend oder hässlich und abstoßend. Innere Bilder sind also maßgeblich dafür, wie und wofür wir unser Gehirn benutzen.

Woher kommen diese inneren Bilder? Wie werden sie von einer Generation zur nächsten übertragen? Was passiert, wenn bestimmte Bilder verloren gehen? Gibt es innere Bilder, die immer weiterleben? Benutzen nur wir oder auch andere Lebewesen innere Bilder, um sich im Leben zurechtzufinden? Gibt es eine Entwicklungsgeschichte dieser inneren Muster?

Der Hirnforscher Gerald Hüther sucht in seinem Buch nach Antworten auf diese Fragen – nicht als Erster, aber erstmals aus einer naturwissenschaftlichen Perspektive. So schlägt er eine bisher ungeahnte Brücke zwischen natur- und geisteswissenschaftlichen Weltbildern, die eine Verbindung zwischen materiellen und geistigen Prozessen, zwischen der äußeren Struktur und der inneren Gestaltungskraft aller Lebensformen schafft. Diese Synthese gelingt dem Autor mit der ihm eigenen Leichtigkeit in der Darstellung.

Helmut Bonney (Hg.)

Neurobiologie für den therapeutischen Alltag
Auf den Spuren Gerald Hüthers

Gerald Hüther tritt gern und mit Überzeugung aus dem wissenschaftlichen Elfenbeinturm heraus und beteiligt sich an gesellschaftlichen Debatten wie etwa zum Thema ADHS. Dabei bewegt er sich auf interdisziplinärer Ebene und schwimmt auch gegen manchen Mainstream von Wissenschaftsgläubigkeit an. Die für diesen Geburtstagsband versammelten Beiträge stammen aus der Feder von Weggefährten verschiedener Wissenschaftsdisziplinen, die an vielen Stellen die Auffassungen und Intentionen Gerald Hüthers teilen.

Mit jedem Schritt achtsam bei dem sein, was ist

V&R

Friedrich D. Hinze
Acht Schritte zur Achtsamkeit
Ein Buch zum Tun und Lassen

2011. 158 Seiten mit 19 Abb. und 23 farbigen Karten, kartoniert in Schuber ISBN 978-3-525-40432-4

Das Buch ist mehr als ein Buch. Es besteht aus zwei Teilen: Einem Lesebuch und den »Einsichtskarten der Achtsamkeit«. Die alltagsnahe, handlungsorientierte und leicht verständliche Darstellung des Themas regt zum Weiterdenken an. Farbige Abbildungen erweitern den Blick. Vielseitige Übungen setzen achtsames Verhalten in Gang. Die Einsichtskarten vermitteln Einsichten, die zum Tun bewegen und zum Lassen raten. Mit den wegweisenden Karten in der Hand hat der Leser gute Aussichten, in acht Schritten zum achtsamen Umgang mit sich selbst und seinen Mitmenschen zu gelangen.

»Das Buch steckt an: mit Freude, guter Laune und mit Zuversicht.«
Norbert Copray, Publik-Forum

Vandenhoeck & Ruprecht